LES MAITRES DE LA PENSÉE SCIENTIFIQUE
Collection de Mémoires publiés par les soins de M. Solovine

TRAITÉ
DE
LA LUMIÈRE

PAR

Christian HUYGHENS

PARIS
GAUTHIER-VILLARS ET Cⁱᵉ, ÉDITEURS
LIBRAIRES DU BUREAU DES LONGITUDES, DE L'ÉCOLE POLYTECHNIQUE.
Quai des Grands-Augustins, 55

1920

TRAITÉ DE LA LUMIÈRE

COLLECTION

" LES MAITRES DE LA PENSÉE SCIENTIFIQUE "

Viennent de paraître :

HUYGHENS (Christian). — *Traité de la Lumière.* Un vol. in-16 double couronne (180×115) de XII-156 pages; 1920; broché, net.. **3 fr. 60**

SPALLANZANI (Lazare). — *Observations et Expériences faites sur les Animalcules des Infusions.* Tome Ier. Un vol. in-16 double couronne (180×115) de VIII-106 pages; 1920; broché, net.............................. **3 fr.**

— Tome II. Un vol. in-16 double couronne (180×115) de 122 pages; 1920; broché, net.............................. **3 fr.**

Sous presse :

LAVOISIER et LAPLACE, *Mémoire sur la Chaleur.*
D'ALEMBERT, *Traité de Dynamique.*
AMPÈRE, *De l'action exercée sur un courant électrique par un autre courant, etc.,* avec la lettre à Van Beck.
CARNOT, *Réflexions sur la métaphysique du Calcul infinitésimal.*
CLAIRAUT, *Éléments de Géométrie.*
DUTROCHET, *Les mouvements des Végétaux.* — *Du réveil et du sommeil des plantes.*
LAVOISIER, *Mémoires sur la respiration et la transpiration des animaux.*
LAPLACE, *Essai philosophique sur les probabilités.*

Paraîtront prochainement :

HERTZ, *Equations électrodynamiques fondamentales des corps en mouvement et des corps en repos.*
GALILÉE, *Dialogues sur les deux principaux systèmes du monde.*
BOUGUER, *Essai d'optique sur la gradation de la lumière.*
NEWTON, *Principes mathématiques de la philosophie naturelle.* Etc., etc.

DEMANDER LE PROSPECTUS SPÉCIAL

Il est tiré de chaque volume 10 exemplaires sur papier de Hollande, au prix uniforme et net de 6 francs.

LES MAITRES DE LA PENSÉE SCIENTIFIQUE
Collection de Mémoires publiés par les soins de M. Solovine

TRAITÉ

DE

LA LUMIÈRE

PAR

Christian HUYGHENS

PARIS
GAUTHIER-VILLARS ET Cᵗ, ÉDITEURS
LIBRAIRES DU BUREAU DES LONGITUDES, DE L'ÉCOLE POLYTECHNIQUE.
Quai des Grands-Augustins, 55

AVERTISSEMENT

L'accroissement rapide des découvertes scientifiques engendre fatalement l'oubli des découvertes passées et de leurs auteurs. Cet oubli est encore favorisé par le fait regrettable que la plupart des mémoires et des ouvrages, où ces découvertes se trouvent exposées, sont complètement épuisés et introuvables.

La collection des Maîtres de la Pensée scientifique comprendra les mémoires et les ouvrages les plus importants de tous les temps et de tous les pays. Elle est destinée à rendre accessibles aux savants et au public cultivé les travaux originaux, qui marquent les étapes successives dans la construction lente et laborieuse de l'édifice scientifique. Tous les domaines de la Science y seront représentés : les mathématiques, l'astronomie, la physique, la chimie, la géologie, les sciences naturelles et biologiques, la méthodologie et la philosophie des sciences. Etant la plus complète, elle fournira les documents indispensables aux historiens de la science et de la civilisation, qui voudront étudier l'évolution de l'esprit humain sous sa forme la plus élevée. Elle permettra aux savants de connaître plus intimement les décou-

vertes de leurs devanciers et d'y trouver nombre d'idées originales. Les philosophes y trouveront une mine inépuisable pour l'étude épistémologique des théories et des concepts, au moyen desquels se construit la connaissance de l'univers. Elle offrira enfin à la jeunesse studieuse un moyen facile et peu coûteux de prendre contact à leur source même avec les méthodes expérimentales et les procédés ingénieux que les grands chercheurs ont dû inventer pour résoudre les difficultés — méthodes concrètes, infiniment plus suggestives et plus fécondes que ne sont les règles schématiques des Manuels.

On trouve encore dans les mémoires classiques, où la profondeur de la pensée et la justesse du raisonnement se manifestent sous une forme remarquablement lucide et élégante, le secret d'écrire les mémoires scientifiques d'une façon claire et précise, comme l'ont demandé à plusieurs reprises les savants les plus illustres de notre temps.

Les mémoires et les ouvrages français seront réimprimés avec grande exactitude d'après les textes originaux les mieux établis, et ceux des savants étrangers seront traduits intégralement et avec une rigoureuse fidélité.

Notice biographique.

Christian Huyghens, seigneur de Zuylichem, est né à La Haye le 14 avril 1629, et y est mort le 8 juin 1695. Son père, Constantin Huyghens, qui était homme d'Etat et poète distingué, lui enseigna la musique, l'arithmétique, la géographie, et l'initia de bonne heure à la connaissance des machines, pour laquelle Christian montra des dispositions marquées. A quinze ans il reçut des leçons de mathématiques du géomètre Stampioen et alla, un an après, étudier le droit à l'Université de Leyde, où il poursuivit en même temps ses études de mathématiques. A peine âgé de dix-sept ans, il communiqua au Père Mersenne un travail sur *le principe de l'équilibre des polygones funiculaires*, qui frappa vivement Descártes. Après un court voyage avec le comte de Nassau, il rentra à Leyde et commença à partir de 1651 à publier d'une façon ininterrompue ses travaux remarquables, qui ont rendu son nom justement célèbre. Sur la proposition de Colbert, il fut invité par Louis XIV à faire partie de l'Académie des Sciences. Il séjourna ainsi de 1666 à 1681 à Paris, qu'il quitta à la révocation de l'édit de Nantes.

Esprit universel et prodigieusement fécond, il s'attaqua aux problèmes les plus difficiles et les plus variés du domaine de l'analyse, de l'astronomie, de la mécanique et de l'optique. Il s'attacha de même à perfectionner les instruments de recherche expérimentale, et c'est ainsi qu'il pratiqua avec son frère aîné Constantin l'art de tailler et de polir les verres des grandes lunettes, qui lui ont permis de découvrir, le premier, un satellite de Jupiter, l'anneau de Saturne et la nébuleuse d'Orion. On lui doit encore la construction d'un automate planétaire, pour représenter les mouvements des corps du système solaire, l'invention du micromètre, et le perfectionnement de la machine pneumatique et du baromètre.

Parmi ses ouvrages les plus importants, il faut noter principalement le *Calcul des jeux du hasard* (1656), le *Système de Saturne* (1659), les *Lois du choc des corps* (1669), l'*Horloge oscillatoire* (1673), le *Traité de la Lumière* et le *Discours sur la cause de la Pesanteur* (1690).

Cette énumération ne donne qu'une idée fort incomplète de son activité scientifique, car son œuvre est considérable. Sa correspondance avec les savants de son époque, publiée dans ces dernières années par la Société hollandaise des Sciences, occupe à elle seule dix gros volumes in-4°; le génie original de Huyghens y éclate à chaque page. Ses contemporains avaient pour lui une admiration sans bornes. Newton, par exemple, l'appelle *summus Hugenius*, et loue en lui la façon grave et élevée de traiter les problèmes.

Le *Traité de la Lumière*, que nous réimprimons, est une œuvre étonnante par la profondeur des idées qu'elle contient et l'admirable manière dont elles sont exposées. La théorie ondulatoire en particulier, consolidée par les recherches de Young et de Malus et parachevée par Fresnel, a conservé jusqu'à ce jour la plus grande probabilité, car la théorie récente des quanta n'est pas arrivée à lui porter une atteinte sérieuse; elle mérite, par conséquent, d'être toujours étudiée attentivement.

Le texte que nous reproduisons est celui de l'édition originale de 1690; nous n'y avons introduit aucune modification, car, malgré quelques gaucheries de style, il est d'une admirable clarté, et seules l'orthographe et la ponctuation ont subi les changements strictement nécessaires.

PRÉFACE

J'écrivis ce Traité pendant mon séjour en France, il y a douze ans; et je le communiquai en l'année 1678 aux personnes savantes, qui composaient alors l'Académie Royale des Sciences, à laquelle le Roi m'avait fait l'honneur de m'appeler. Plusieurs de ce corps, qui sont encore en vie, pourront se souvenir d'avoir été présents quand j'en fis la lecture, et mieux que les autres, ceux d'entre eux qui s'appliquaient particulièrement à l'étude des Mathématiques, desquels je ne puis plus citer que les célèbres Messieurs Cassini, Rœmer, et de La Hire. Et quoique depuis j'y aie corrigé et changé plusieurs endroits, les copies que j'en fis faire dès ce temps-là, pourraient servir de preuve, que je n'y ai pourtant rien ajouté, si ce n'est des conjectures touchant la formation du Cristal d'Islande, et une nouvelle remarque sur la réfraction du Cristal de Roche. J'ai voulu rapporter ces particularités pour faire connaître depuis quand j'ai médité les choses que je publie maintenant, et non pas pour déroger au mérite de ceux, qui, sans avoir rien vu de ce que j'avais écrit, peuvent s'être rencontrés à traiter des matières semblables : comme il est arrivé effectivement à deux excellents géomètres, Messieurs Newton et Leibnitz, à l'égard du problème de la figure des verres pour assembler les rayons, lorsqu'une des surfaces est donnée.

On pourrait demander pourquoi j'ai tant tardé à mettre au jour cet ouvrage. La raison est que je l'avais écrit assez négligemment en la langue où on le voit, avec intention de le traduire en latin, faisant ainsi pour avoir plus d'attention aux choses. Après quoi je me proposais de le donner ensemble avec un autre Traité de Dioptrique, où j'explique les effets des télescopes, et ce qui appartient de plus à cette science. Mais le plaisir de la nouveauté ayant cessé, j'ai différé de temps à autre d'exécuter ce dessein, et je ne sais pas quand j'aurais encore pu en venir à bout, étant souvent diverti, ou par des affaires, ou par quelque nouvelle étude. Ce que considérant, j'ai enfin jugé qu'il valait mieux de faire paraître cet écrit tel qu'il est, que de le laisser courir risque, en attendant plus longtemps, de demeurer perdu.

On y verra de ces sortes de démonstrations, qui ne produisent pas une certitude aussi grande que celles de géométrie, et qui même en diffèrent beaucoup, puisque au lieu que les goémètres prouvent leurs propositions par des principes certains et incontestables, ici les principes se vérifient par les conclusions qu'on en tire; la nature de ces choses ne souffrant pas que cela se fasse autrement. Il est possible toutefois d'y arriver à un degré de vraisemblance, qui bien souvent ne cède guère à une évidence entière. Savoir lorsque les choses, qu'on a démontrées par ces principes supposés, se rapportent parfaitement aux phénomènes que l'expérience a fait remarquer; surtout quand il y en a grand nombre, et encore principalement quand on se forme et prévoit des phénomènes nouveaux, qui doivent suivre des hypothèses qu'on emploie, et qu'on trouve qu'en cela l'effet répond à notre attente. Que si toutes ces preuves de la vraisemblance se rencontrent dans ce que je me suis proposé de traiter, comme il me semble qu'elles font, ce doit être une bien grande confirmation du succès de ma recherhce, et il se peut malaisément que les choses ne soient à peu près comme je les représente. Je veux donc croire que ceux qui aiment à connaître les causes, et qui savent admirer la merveille de la lumière, trouveront quelque satisfaction dans ces diverses spéculations qui la regardent, et dans la nouvelle explication de son insigne propriété, qui fait le principal fondement de la construction de nos yeux, et de ces grandes inventions qui en étendent si fort l'usage. J'espère aussi qu'il y en aura qui, en suivant ces commencements, pénétreront plus avant toute cette matière que je n'ai su faire; puisqu'il s'en faut de beaucoup qu'elle ne soit épuisée. Cela paraît par les endroits que j'ai marqués, où je laisse des difficultés sans les résoudre; et encore plus par les choses que je n'ai point touchées du tout, comme sont les corps luisants de plusieurs sortes, et tout ce qui regarde les couleurs; en quoi personne jusqu'ici ne peut se vanter d'avoir réussi. Enfin il reste bien plus à chercher touchant la nature de la lumière, que je ne prétends d'en avoir découvert, et je devrai beaucoup de retour à celui qui pourra suppléer à ce qui me manque ici de connaissance.

A la Haye, le 8 janvier 1690.

TRAITÉ DE LA LUMIÈRE

CHAPITRE PREMIER

DES RAYONS DIRECTEMENT ÉTENDUS

Les démonstrations qui concernent l'Optique, ainsi qu'il arrive dans toutes les sciences où la géométrie est appliquée à la matière, sont fondées sur des vérités tirées de l'expérience; telles sont que les rayons de lumière s'étendent en droite ligne; que les angles de réflexion et d'incidence sont égaux, et que dans les réfractions le rayon est rompu suivant la règle des sinus, désormais si connue et qui n'est pas moins certaine que les précédentes.

La plupart de ceux qui ont écrit touchant les différentes parties de l'Optique se sont contentés de présupposer ces vérités. Mais quelques-uns plus curieux en ont voulu rechercher l'origine et les causes, les considérant elles-mêmes comme des effets admirables de la Nature. En quoi ayant avancé des choses ingénieuses, mais non pas telles pourtant que les plus intelligents ne souhaitent des explications qui leur satisfassent davantage, je veux proposer ici ce que j'ai médité sur ce sujet, pour contribuer autant que je puis à l'éclaircissement de cette partie de la science naturelle, qui non sans raison en est réputée une des plus difficiles. Je reconnais être beaucoup redevable à ceux qui ont commencé les premiers à dissiper l'obscurité étrange où ces choses étaient enveloppées et à donner espérance qu'elles se pouvaient expliquer par des raisons intelligibles. Mais je m'étonne aussi d'un autre côté comment ceux-là même, bien souvent, ont voulu faire passer des raisonnements peu évidents comme très certains et démonstratifs : ne trouvant pas que personne ait encore expliqué probablement ces premiers et notables phénomènes de la lumière, savoir pouquoi elle ne s'étend que suivant des lignes droites, et comment les rayons visuels, venant d'une infinité de divers endroits, se croisent sans s'empêcher en rien les uns les autres.

J'essaierai donc dans ce livre, par des principes reçus dans la Philosophie d'aujourd'hui, de donner des raisons plus claires et plus vraisemblables, premièrement de ces propriétés de la lumière directement étendue, secondement de celle qui se réfléchit par la rencontre d'autres corps. Puis j'expliquerai les symptômes des rayons qui sont dits souffrir réfraction en passant par des corps diaphanes de différentes espèces, où je traiterai aussi des effets de la réfraction de l'air par les différentes densités de l'atmosphère.

Ensuite j'examinerai les causes de l'étrange réfraction de certain cristal qu'on apporte d'Islande. Et en dernier lieu je traiterai des différentes figures des corps transparents et réfléchissantes, par lesquelles les rayons sont assemblés en un point, ou détournés en différentes manières.

Où l'on verra avec quelle facilité se trouvent, suivant notre théorie nouvelle, non seulement les ellipses, hyperboles et autres lignes courbes que M. Descartes a subtilement inventées pour cet effet, mais encore celles qui doivent former la surface d'un verre lorsque l'autre surface est donnée sphérique, plate, ou de quelque figure que ce puisse être.

L'on ne saurait douter que la lumière ne consiste dans le mouvement de certaine matière. Car soit qu'on regarde sa production, on trouve qu'ici sur la Terre, c'est principalement le feu et la flamme qui l'engendrent, lesquels contiennent sans doute des corps qui sont dans un mouvement rapide, puisqu'ils dissolvent et fondent plusieurs autres corps des plus solides; soit qu'on regarde ses effets, on voit que quand la lumière est ramassée, comme par des miroirs concaves, elle a la vertu de brûler comme le feu, c'est-à-dire qu'elle désunit les parties des corps; ce qui marque assurément du mouvement, au moins dans la vraie philosophie, dans laquelle on conçoit la cause de tous les effets naturels par des raisons de mécanique. Ce qu'il faut faire à mon avis, ou bien renoncer à toute espérance de ne jamais rien comprendre dans la physique.

Et comme, suivant cette philosophie, l'on tient pour certain que la sensation de la vue n'est excitée que par l'impression de quelque mouvement d'une matière qui agit sur les nerfs au fond de nos yeux, c'est encore une raison de croire que la lumière consiste dans un mouvement de la matière qui se trouve entre nous et le corps lumineux.

De plus, quand on considère l'extrême vitesse dont la lumière s'étend de toutes parts et que, quand il en vient de différents endroits, même de tout opposés, elles se traversent l'une l'autre sans s'empêcher; on comprend bien que, quand nous voyons un objet lumineux, ce ne saurait être par le transport d'une matière, qui depuis cet objet s'en vient jusqu'à nous ainsi qu'une balle ou une flèche traverse l'air : car assurément cela répugne trop à ces deux qualités de la lumière et surtout à la dernière. C'est donc d'une autre manière qu'elle s'étend, et ce qui nous peut conduire à la comprendre, c'est la connaissance que nous avons de l'extension du son dans l'air.

Nous savons que par le moyen de l'air, qui est un corps invisible et impalpable, le son s'étend tout à l'entour du lieu où il a été produit, par un mouvement qui passe successivement d'une partie de l'air à l'autre, et que l'extension de ce mouvement se faisant également vite de tous côtés, il se doit former comme des surfaces sphériques qui s'élargissent toujours et qui viennent frapper notre oreille. Or il n'y a point de doute que la lumière ne parvienne aussi depuis le corps lumineux jusqu'à nous par quelque mouvement imprimé à la matière qui est entre deux, puisque nous avons déjà vu que ce ne peut être par le transport d'un corps qui passerait de l'un à l'autre. Que si avec cela la lumière emploie du temps à son passage, ce que nous allons examiner maintenant, il s'ensuivra que ce mouvement imprimé à la matière est successif et que par conséquent il s'étend, ainsi que celui du son, par des surfaces et des ondes sphériques : car je les appelle ondes, à la ressemblance de celles que l'on voit se former dans l'eau quand on y jette une pierre, qui représentent une telle extension successive en rond, quoique provenant d'une autre cause et seulement dans une surface plane.

Pour voir donc si l'extension de la lumière se fait avec le temps, considérons premièrement s'il y a des expériences qui nous puissent convaincre du contraire. Quant à celles que l'on peut faire ici sur la Terre, avec des feux mis à de grandes distances, quoiqu'elles prouvent que la lumière n'emploie point de temps sensible à passer ces distances, on peut dire avec raison qu'elles sont trop

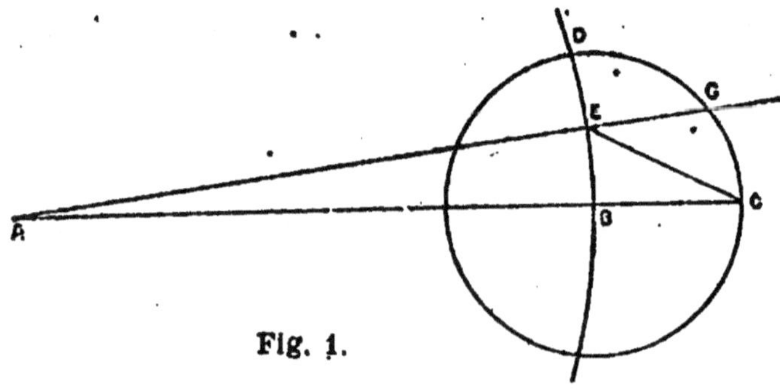

Fig. 1.

petites et qu'on n'en peut conclure, sinon que le passage de la lumière est extrêmement vite. M. Descartes qui était d'opinion qu'il est instantané, se fondait, non sans raison, sur une bien meilleure expérience tirée des éclipses de lune : laquelle pourtant, comme je ferai voir, n'est point convaincante. Je la proposerai un peu autrement que lui, pour en faire mieux comprendre toute la conséquence.

Soit A (Fig. 1) le lieu du soleil, B D une partie de

l'orbite ou chemin annuel de la Terre, A B C une ligne droite, que je suppose rencontrer le chemin de la Lune, représenté par le cercle C D, en C.

Or si la lumière demande du temps, par exemple une heure, pour traverser l'espace qui est entre la Terre et la Lune, il s'ensuivra que la Terre étant parvenue en B, l'ombre qu'elle cause, ou l'interruption de la lumière, ne sera pas encore parvenue au point C, mais qu'elle n'y arrivera qu'une heure après. Ce sera donc une heure après, à compter depuis que la Terre a été en B, que la Lune arrivant en C y sera obscurcie : mais cette obscuration ou interruption de lumière ne parviendra à la Terre que dans une autre heure. Posons que dans ces deux heures elle soit parvenue en E. La Terre donc étant en E, verra la Lune éclipsée en C, dont elle est partie une heure auparavant et verra en même temps le Soleil en A. Car étant immobile, comme je le suppose avec Copernic, et la lumière s'étendant par des lignes droites, il doit toujours paraître où il est. Mais on a toujours observé, disent-ils, que la Lune éclipsée paraît au lieu de l'écliptique opposé au Soleil, et cependant ici elle paraîtrait en arrière de ce lieu, de l'angle G E C, complément de A E C à deux angles droits. Donc cela est contraire à l'expérience, puisque l'angle G E C serait fort sensible et environ de 33 degrés. Car selon notre supputation, qui est au Traité des causes des phénomènes de Saturne, la distance B A entre la Terre et le Soleil est environ de douze mille diamètres terrestres, et partant quatre cents fois plus grande que B C, distance de la Lune, qui est de 30 diamètres. Donc l'angle E C B sera à peu près quatre cents fois plus grand que B A E, qui est de cinq minutes, savoir le chemin que fait la Terre en deux heures dans son orbite, et ainsi l'angle B O E presque de 33 degrés, et de même l'angle C E G, qui le surpasse de cinq minutes.

Mais il faut noter que la vitesse de la lumière dans ce raisonnement a été posée telle qu'il lui faut une heure de temps pour faire le chemin d'ici à la Lune. Que si l'on suppose qu'il ne faut pour cela qu'une minute de temps, alors il est manifeste que l'angle C E G ne sera que de 33 minutes, et s'il ne faut que dix secondes de temps, cet angle ne sera pas de six minutes. Et alors il n'est pas aisé de s'en apercevoir dans les observations d'éclipse, ni par conséquent permis d'en rien conclure pour le mouvement instantané de la lumière.

Il est vrai que c'est supposer une étrange vitesse qui serait cent mille fois plus grande que celle du son. Car le son, selon ce que j'ai observé, fait environ 180 toises dans le temps d'une seconde ou d'un battement d'artère. Mais cette supposition ne doit pas sembler avoir rien d'impossible, parce qu'il ne s'agit point du transport d'un corps avec tant de vitesse, mais d'un mouvement successif qui passe des uns aux autres. Je n'ai donc pas fait difficulté, en méditant ces choses, de supposer que l'émanation de la lumière se faisait avec le temps, voyant que par là tous ces phénomènes se pouvaient expliquer, et qu'en suivant l'opinion contraire tout était incompréhensible. Car il m'a toujours semblé, et à beaucoup d'autres avec moi, que même M. Descartes, qui a eu pour but de traiter intelligiblement de tous les sujets de physique, et qui assurément y a beaucoup mieux réussi que personne devant lui, n'a rien dit qui ne soit plein de difficultés, ou même inconcevable, en ce qui est de la Lumière et de ses propriétés.

Mais ce que je n'employais que comme une hypothèse a reçu depuis peu grande apparence d'une vérité constante, par l'ingénieuse démonstration de M. Rœmer que je vais rapporter ici, en attendant qu'il donne lui-même tout ce qui doit servir à la confirmer. Elle est fondée, de même que la précédente, sur des observations célestes, et prouve non seulement que la lumière emploie du temps à son passage, mais aussi fait voir combien elle emploie de temps, et que sa vitesse est encore pour le moins six fois plus grande que celle que je viens de dire.

Il se sert pour cela des éclipses que souffrent les petites planètes qui tournent autour de Jupiter et qui entrent souvent dans son ombre, et voici quel est son raisonnement. Soit A (Fig. 2) le Soleil, B C D E l'orbe annuel de la Terre, F Jupiter, G N l'orbite du plus proche de ses satellites, car c'est celui-ci qui est plus propre à cette recherche qu'aucun des trois autres, à cause de la vitesse de sa révolution. Que G soit ce satellite entrant dans l'ombre de Jupiter, H le même sortant de l'ombre.

Supposé donc que la Terre étant en B, quelque temps devant la dernière quadrature, l'on ait vu sortir ledit satellite de l'ombre; il faudrait, si la Terre demeurait en ce même lieu, qu'après 42 heures et demie l'on vît encore une pareille émersion, parce que c'est le temps dans lequel il fait le tour de son orbite et qu'il revient à l'opposition du Soleil. Et si la Terre demeurait toujours en B pendant 30 révolutions, par exemple, de ce satellite, elle le verrait encore sortir de l'ombre après 30 fois 42 heures et demie. Mais la Terre s'étant transportée

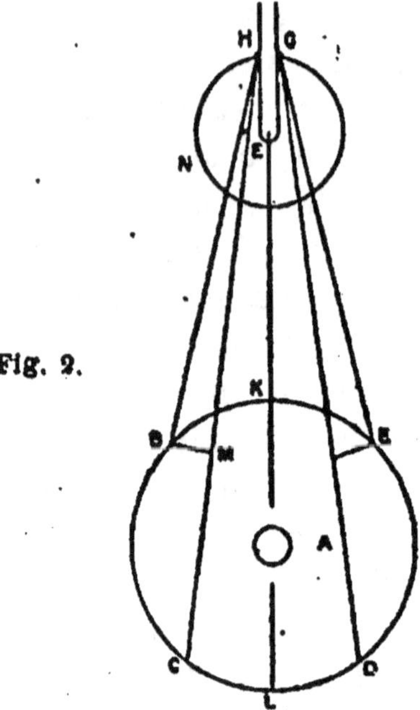

Fig. 2.

pendant ce temps en C, en s'éloignant davantage de Jupiter, il s'ensuit que si la lumière emploie du temps à son passage, l'illumination de la petite planète sera aperçue plus tard en C qu'elle ne l'aurait été en B, et qu'il faut ajouter, à ce temps de 30 fois 42 heures et demie, encore celui qu'emploie la lumière à passer l'espace M C, différence des espaces C H, B H. De même vers l'autre quadrature, quand la Terre depuis D est venue en E, en s'approchant de Jupiter, les immersions du satellite G dans l'ombre doivent s'observer auparavant en E, qu'elles n'auraient paru si la Terre était demeurée en D.

Or par quantité d'observations de ces éclipses, faites pendant dix ans consécutifs, ces différences se sont trouvées très considérables, comme de dix minutes et davantage, et l'on en a conclu que pour traverser tout le diamètre de l'orbe annuel K L, qui est le double de la distance d'ici au Soleil, la lumière a besoin d'environ 22 minutes de temps.

Le mouvement de Jupiter dans son orbite, pendant que la Terre passe de B en C, ou de D en E, est compris dans ce calcul, et l'on fait voir qu'on ne peut point attribuer le retardement de ces illuminations, ni l'anticipation des éclipses à l'irrégularité qui se trouve au mouvement de cette petite planète, ni à son excentricité.

Que si l'on considère la vaste étendue du diamètre K L, qui selon moi est de quelques 24 mille diamètres de la Terre, l'on connaîtra l'extrême vitesse de la lumière. Car, supposé que K L ne soit que de 22 mille de ces diamètres, il paraît qu'étant passés en 22 minutes, car cela fait mille diamètres en une minute et 16 2/3 diamètres dans une seconde ou battement d'artère, qui font plus de onze cent fois cent mille toises, puisque le diamètre de la Terre contient 2.865 lieues de 25 au degré, que chaque lieue est de 2.232 toises, suivant la mesure exacte que M. Picard a prise par ordre du Roi en 1669. Mais le son, comme j'ai dit ci-devant, ne fait que 180 toises dans le même temps d'une seconde : donc la vitesse de la lumière est plus de six cent mille fois plus grande que celle du son : ce qui pourtant est tout autre chose que d'être momentanée puisqu'il y a la même différence que d'une chose finie à une infinie. Or le mouvement successif de la lumière étant confirmé de cette manière, il s'ensuit, comme j'ai déjà dit, qu'il s'étend par des ondes sphériques, ainsi que le mouvement du son.

Mais si l'un et l'autre se ressemblent en cela, ils diffèrent en plusieurs autres choses; savoir, en la première production du mouvement qui les cause, en la matière dans laquelle ce mouvement s'étend, et en la manière dont il se communique. Car pour ce qui est de la production du son, on sait que c'est par l'ébranlement subit d'un corps entier, ou d'une partie considérable, qui agite tout l'air contigu. Mais le mouvement de la lumière doit naître comme de chaque point de l'objet lumineux, pour pouvoir faire apercevoir toutes les parties différentes de cet objet, comme il se verra mieux dans la suite. Et je ne crois pas que ce mouvement ne puisse mieux expliquer, qu'en supposant ceux d'entre les corps lumineux qui sont liquides, comme la flamme et apparemment le soleil et les étoiles, composés de particules qui nagent dans une matière beaucoup plus subtile, qui les agite avec une grande rapidité, et les fait frapper contre les particules de l'éther, qui les environnent, et qui sont beaucoup moindres qu'elles. Mais que dans les lumineux solides comme du charbon, ou du métal rougi au feu, ce même mouvement est causé par l'ébranlement violent des particules du métal ou du bois, dont celles qui sont à la surface frappent de même la matière éthérée. L'agitation au reste des particules qui engendrent la lumière doit être bien plus prompte et plus rapide que n'est celle des corps qui cause le son, puisque nous ne voyons pas que le frémissement d'un corps qui sonne est capable de faire naître de la lumière, de même que le mouvement de la main dans l'air n'est pas capable de produire du son.

Maintenant, si l'on examine quelle peut être cette matière dans laquelle s'étend le mouvement qui vient des corps lumineux, laquelle j'appelle éthérée, on verra que ce n'est pas la même qui sert à la propagation du son. Car on trouve que celle-ci est proprement cet air que nous sentons et que nous respirons, lequel étant ôté d'un lieu, l'autre matière qui sert à la lumière ne laisse pas de s'y trouver. Ce qui se prouve en enfermant un corps sonnant dans un vaisseau de verre, dont on tire ensuite l'air par la machine que M. Boyle nous a donnée, et avec laquelle il a fait tant de belles expériences. Mais en faisant celle dont je parle, il faut avoir soin de placer le corps sonnant sur du coton ou sur des plumes, en sorte qu'il ne puisse pas communiquer ses tremblements au vaisseau de verre qui l'enferme, ni à la machine, ce qui avait jusqu'ici été négligé. Car alors, après avoir vidé tout l'air, l'on entend aucunement le son du métal, quoique frappé.

On voit d'ici non seulement que notre air qui ne pénètre point le verre, est la matière par laquelle s'étend le son; mais aussi que ce n'est point ce même air, mais une autre matière dans laquelle s'étend la lumière, puisque l'air étant ôté de ce vaisseau, la lumière ne laisse pas de le traverser comme auparavant.

Et ce dernier point se démontre encore plus clairement par la célèbre expérience de Torricelli; où le tuyau de verre, d'où le vif argent s'est retiré, restant tout vide d'air, transmet la lumière de même que quand il y a de l'air : car cela prouve qu'une matière différente de l'air se trouve dans ce tuyau, et que cette matière doit avoir percé le verre, ou le vif argent, ou l'un et l'autre, qui sont tous deux impénétrables à l'air. Et lorsque dans la même expérience l'on fait le vide en mettant un peu d'eau par dessus le vif argent, l'on en conclut pareillement que ladite matière passe à travers le verre, ou l'eau, ou à travers tous les deux.

Quant aux différentes manières dont j'ai dit que se communiquent successivement les mouvements du son et de la lumière, on peut assez comprendre comment ceci se passe en ce qui est du son, quand on considère que l'air est de telle nature qu'il peut être comprimé et réduit à un espace beaucoup moindre qu'il n'occupe d'ordinaire, et qu'à mesure qu'il est comprimé il fait effort à se remettre au large, car cela joint à sa pénétrabilité qui lui demeure nonobstant sa compression, semble prouver qu'il est fait de petits corps qui nagent et qui sont agités fort vite dans la matière éthérée, composée de parties bien plus petites. De sorte que la cause de l'extension des ondes du son, c'est l'effort que font ces petits corps, qui s'entrechoquent, à se remettre au large, lorsqu'ils sont un peu plus serrés dans le circuit de ces ondes qu'ailleurs.

Mais l'extrême vitesse de la lumière, et d'autres propriétés qu'elle a, ne sauraient admettre une telle propagation de mouvement, et je vais montrer ici de quelle manière je conçois qu'elle doit être. Il faut expliquer pour cela la propriété que gardent les corps durs à transmettre le mouvement les uns aux autres.

Lorsqu'on prend un nombre de boules d'égale grosseur, faites de quelque matière fort dure, et qu'on les range en ligne droite, en sorte qu'elles se touchent, l'on trouve, en frappant avec une boule pareille contre la première de ces boules, que le mouvement passe comme dans un instant jusqu'à la dernière, qui se sépare de la rangée, sans qu'on s'aperçoive que les autres se soient remuées. Et même celle qui a frappé demeure immobile avec elles. Où l'on voit un passage de mouvement d'une extrême vitesse et qui est d'autant plus grande que la matière des boules est d'une plus grande dureté.

Mais il est encore constant que ce progrès de mouvement n'est pas momentané, mais successif, et qu'ainsi il y faut du temps. Car si le mouvement ou, si l'on veut, l'inclination au mouvement ne passait pas successivement par toutes ces boules, elles l'acquerraient toutes en même temps, et partant elles avanceraient toutes ensemble, ce qui n'arrive point : mais la dernière quitte toute la rangée et acquiert la vitesse de celle qu'on a poussée. Outre qu'il y a des expériences qui font voir que tous ces corps que nous comptons au rang des plus durs, comme l'acier trempé, le verre et l'agate, font ressort et plient en quelque façon, non seulement quand ils sont étendus en verges, mais aussi quand ils sont en forme de boules ou autrement. C'est-à-dire qu'ils rentrent quelque peu en eux-mêmes à l'endroit où ils sont frappés, et qu'ils se remettent aussitôt dans leur première figure. Car j'ai trouvé qu'en frappant avec une boule de verre, ou d'agate, contre un gros morceau et bien épais de même matière qui avait la surface plate et tant soit peu ternie avec l'haleine ou autrement, il y restait des marques rondes, plus ou moins grandes, selon que le coup avait été fort ou faible. Ce qui fait voir que ces matières obéissent à leur rencontre et se restituent, à quoi il faut qu'elles emploient du temps.

Or, pour appliquer cette sorte de mouvement à celui qui produit la lumière, rien n'empêche que nous n'estimions les particules de l'éther être d'une matière si approchante de la dureté parfaite et d'un ressort si prompt que nous voulons. Il n'est pas nécessaire pour cela d'examiner ici la cause de cette dureté, ni de celle du ressort dont la consi-dération nous mènerait trop loin de notre sujet. Je dirai pourtant en passant qu'on peut concevoir que ces particules de l'éther, nonobstant leur peti-tesse, sont encore composées d'autres parties, et que leur ressort consiste dans le mouvement très rapide d'une matière subtile, qui les traverse de tous côtés et contraint leur tissu à se disposer en sorte, qu'il donne un passage à cette matière fluide le plus ouvert et le plus facile qui se puisse. Ce qui u'accorde avec la raison que M. Descartes donne du ressort, sinon que je ne suppose pas des pores en forme de canaux ronds et creux, comme lui. Et il ne faut pas s'imaginer qu'il y ait rien d'absurde en ceci, ni d'impossible, étant au contraire fort croyable que c'est ce progrès infini de différentes grosseurs de corpuscules et les différents degrés de leur vitesse dont la Nature se sert à opérer tant de merveilleux effets.

Mais quand nous ignorerions la vraie cause du ressort, nous voyons toujours qu'il y a beaucoup de corps qui ont cette propriété, et ainsi qu'il n'y a rien d'étrange de la supposer aussi dans des petits corps invisibles comme ceux de l'éther. Que si l'on veut chercher quelqu'autre manière dont le mouvement de la lumière se communique successivement, on n'en trouvera point qui convienne mieux que le ressort avec la progression égale, qui semble être nécessaire, parce que si ce mouvement se ralentissait à mesure qu'il se partage entre plus de matière, en s'éloignant de la source de la lumière, elle ne pourrait pas conserver cette grande vitesse dans de grandes distances. Mais en supposant le ressort dans la matière éthérée, ses particules auront la propriété de se restituer également vite, soit qu'elles soient fortement ou faiblement poussées, et ainsi le progrès de la lumière continuera toujours avec une vitesse égale.

Et il faut savoir que quoique les particules de l'éther ne soient pas rangées ainsi en lignes droites comme dans notre rangée de boules, mais confusément, en sorte qu'une en touche plusieurs autres, cela n'empêche pas qu'elles ne transportent leur mouvement et qu'elles ne l'étendent toujours en avant. En quoi il y a à remarquer une loi du mouvement qui sert à cette propagation, et qui se vérifie par l'expérience. C'est que, quand une boule, comme ici A (Fig. 3), en touche plusieurs autres

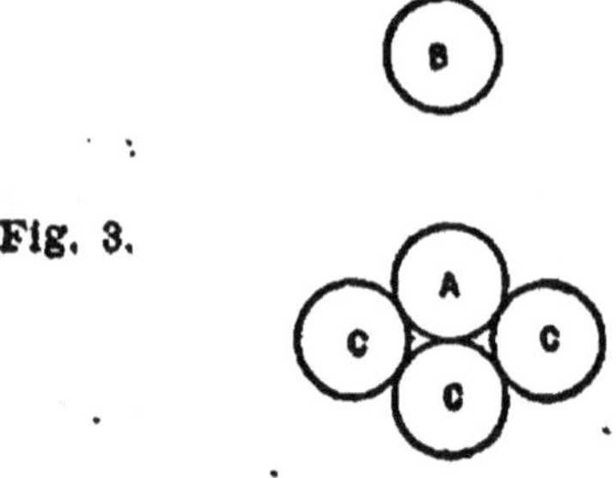

Fig. 3.

pareilles C C C, si elle est frappée par une autre boule B, en sorte qu'elle fasse impression sur toutes les C C C qu'elle touche, elle leur transporte tout son mouvement, et demeure après cela immobile, comme aussi la boule B. Et sans supposer que les particules éthérées soient de forme sphérique (car je ne vois pas d'ailleurs qu'il soit besoin de les supposer telles), l'on comprend bien que cette propriété de l'impulsion ne laisse pas de contribuer à ladite propagation de mouvement.

L'égalité de grandeur semble y être plus nécessaire, parce qu'autrement il doit y avoir quelque réflexion de mouvement en arrière quand il passe d'une moindre particule à une plus grande, suivant les Règles de la Percussion que j'ai publiées il y a quelques années.

Cependant l'on verra ci-après que nous n'avons pas tant besoin de supposer cette égalité pour la propagation de la lumière, que pour la rendre plus aisée et plus forte; n'étant pas aussi hors d'apparence que les particules de l'éther aient été faites égales pour un si considérable effet que celui de la lumière, du moins dans cette vaste étendue qui est au delà de la région des vapeurs, qui ne semble servir qu'à transmettre la lumière du Soleil et des astres.

J'ai donc montré de quelle façon l'on peut concevoir que la lumière s'étend successivement par des ondes sphériques, et comment il est possible que cette extension se fasse avec une aussi grande vitesse, que les expériences et les observations célestes la demandent. Où il faut encore remarquer que, quoique les parties de l'éther soient supposées dans un continuel mouvement (car il y a bien des raisons pour cela), la propagation successive des ondes n'en saurait être empêchée, parce qu'elle ne consiste point dans le transport de ces parties, mais seulement dans un petit ébranlement, qu'elles ne peuvent s'empêcher de communiquer à celles qui les environnent, nonobstant tout le mouvement qui les agite et fait changer de place entre elles.

Mais il faut considérer encore plus particulièrement l'origine de ces ondes et la manière dont elles s'étendent. Et premièrement, il s'ensuit de ce qui a été dit de la production de la lumière, que chaque petit endroit d'un corps lumineux, comme le Soleil, une chandelle, ou un charbon ardent, engendre ses ondes, dont cet endroit est le centre. Ainsi dans la

flamme d'une chandelle (Fig. 4), étant distingués les
points A, B, C, les cercles concentriques décrits
autour de chacun de ces points représentent les
ondes qui en proviennent. Et il en faut concevoir de
même autour de chaque point de la surface et d'une
partie du dedans de cette flamme.

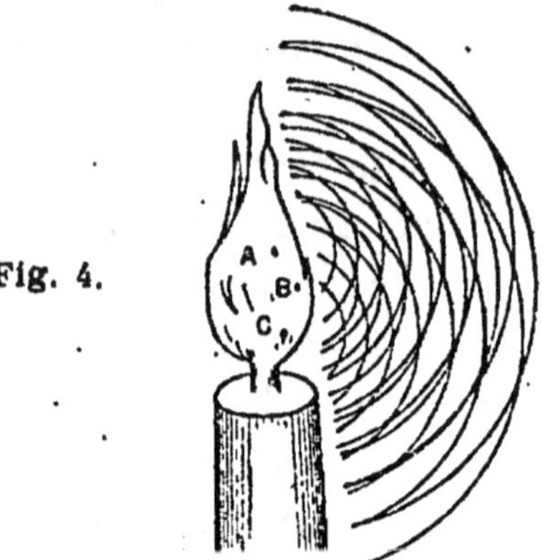

Fig. 4.

Mais comme les percussions au centre de ces ondes
n'ont point de suite réglée, aussi ne faut-il pas
s'imaginer que les ondes mêmes s'entresuivent par
des distances égales; et si ces distances paraissent
telles dans cette figure, c'est plutôt pour marquer
le progrès d'une même onde en des temps égaux, que
pour en représenter plusieurs provenues d'un même
centre.

Il ne faut pas au reste que cette prodigieuse
quantité d'ondes, qui se traversent sans confusion
ni sans s'effacer les unes les autres, semble inconcevable, étant certain qu'une même particule de
matière peut servir à plusieurs ondes, venant de

divers côtés ou même de côtés contraires, non seulement si elle est poussée par des coups qui s'entresuivent près à près, mais même par ceux qui agissent sur elle en même instant, et cela à cause du mouvement qui s'étend successivement. Ce qui se peut prouver par la rangée de boules égales, de matière dure, dont il a été parlé ci-dessus; contre laquelle si l'on pousse en même temps des deux côtés opposés des boules pareilles A et D (Fig. 5),

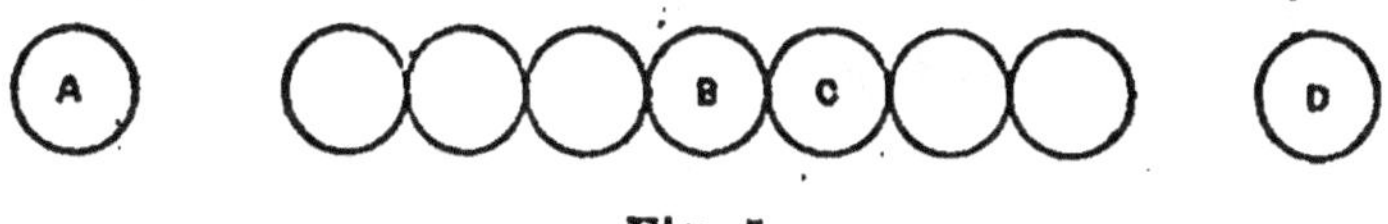

Fig. 5.

l'on verra rejaillir chacune avec la même vitesse qu'elle avait en allant, et toute la rangée demeurer en sa place, quoique le mouvement ait passé tout du long et doublement. Et si ces mouvements contraires viennent à se rencontrer à la boule du milieu B, ou à quelqu'autre comme C, elle doit plier et faire ressort des deux côtés, et ainsi servir en même instant à transmettre ces deux mouvements.

Mais ce qui peut d'abord paraître fort étrange et même incroyable, c'est que des ondulations produites par des mouvements et des corpuscules si petits puissent s'étendre à des distances si immenses, comme par exemple depuis le Soleil, ou depuis les étoiles jusqu'à nous. Car la force de ces ondes doit s'affaiblir à mesure qu'elles s'écartent de leur origine, de sorte que l'action de chacune en particulier deviendra sans doute incapable de se faire sentir à notre vue. Mais on cessera de s'étonner en considérant que dans une grande distance du corps lumineux une infinité d'ondes, quoique issues de points différents de ce corps, s'unissent en sorte que sensiblement elles ne composent qu'une seule onde qui, par conséquent, doit avoir assez de force pour se faire sentir. Ainsi, ce nombre infini d'ondes qui naissent en même instant de tous les points d'une étoile fixe, grande peut-être comme le Soleil, ne sont sensiblement qu'une seule onde, laquelle peut bien avoir assez de force pour faire impression sur nos yeux. Outre que de chaque point lumineux, il peut venir plusieurs milliers d'ondes dans le moindre temps imaginable, par la fréquente percussion des corpuscules qui frappent l'éther en ces points, ce qui contribue encore à rendre leur action plus sensible.

Il y a encore à considérer dans l'émanation de ces ondes, que chaque particule de la matière, dans laquelle une onde s'étend, ne doit pas communiquer son mouvement seulement à la particule prochaine, qui est dans la ligne droite tirée du point lumineux, mais qu'elle en donne aussi nécessairement à toutes les autres qui la touchent et qui s'opposent à son mouvement. De sorte qu'il faut qu'autour de chaque particule il se fasse une onde dont cette particule soit le centre. Ainsi, si D C F (Fig. 6) est une onde émanée du point lumineux A, qui est son centre, la particule B, une de celles qui sont comprises dans la sphère D C F, aura fait son onde particulière K C L, qui touchera l'onde D C F en C, au même moment que l'onde principale, émanée du point A, est parvenue en D C F; et il est clair qu'il n'y aura que l'endroit C de l'onde K C L qui touchera l'onde D C F, savoir celui qui est dans la droite menée par A B. De même, les autres particules comprises dans la sphère D C F, comme bb, dd, etc., auront fait chacune son onde. Mais chacune de ces ondes

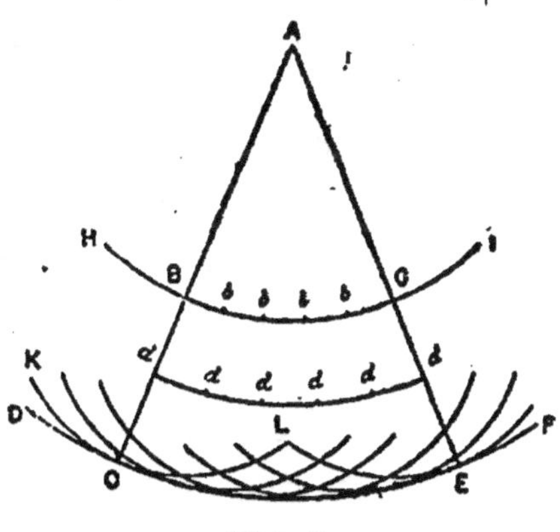

Fig. 6.

ne peut être qu'infiniment faible comparée à l'onde D C F, à la composition de laquelle toutes les autres contribuent par la partie de leur surface qui est la plus éloignée du centre A.

L'on voit de plus, que l'onde D C F est déterminée par l'extrémité du mouvement, qui est sorti du point A en certain espace de temps, n'y ayant point de mouvement au delà de cette onde, quoiqu'il y en ait bien dans l'espace qu'elle enferme, savoir dans les parties des ondes particulières, lesquelles parties ne touchent point la sphère D C F. Et tout ceci ne doit pas sembler être recherché avec trop de soin ni de subtilité, puisque l'on verra dans la suite que toutes les propriétés de la lumière, et tout ce qui appartient à sa réflexion et à la réfraction, s'explique principalement par ce moyen. C'est ce qui n'a point été connu à ceux qui ci-devant ont commencé à considérer les ondes de lumière, parmi lesquels sont M. Hook dans sa Micrographie, et le P. Pardies qui, dans un Traité dont il me fit voir une partie et qu'il ne put achever, étant mort peu de temps après, avait entrepris de prouver par ces ondes les effets de la réflexion et de la réfraction. Mais le principal fondement, qui consiste dans la remarque que je viens de faire, manquait à ses démonstrations, et il avait dans le reste des opinions bien différentes des miennes, comme peut-être l'on verra quelque jour si son écrit s'est conservé.

Pour venir aux propriétés de la lumière, remarquons premièrement que chaque partie d'onde doit s'étendre en sorte, que les extrémités soient toujours comprises entre les mêmes lignes droites tirées du point lumineux. Ainsi, la partie d'onde B G, ayant le point lumineux A pour centre, s'étendra en l'arc C E, terminé par les droites A B C, A G E. Car, bien que les ondes particulières, produites par les particules que comprend l'espace C A E, se répandent aussi hors de cet espace, toutefois elles ne concourent point en même instant à composer ensemble une onde qui termine le mouvement, que précisément dans la circonférence C E (Fig. 7), qui est leur tangente commune.

Et d'ici l'on voit la raison pourquoi la lumière, à moins que ses rayons ne soient réfléchis ou rompus, ne se répand que par des lignes droites, en sorte qu'elle n'éclaire aucun objet que quand le chemin depuis sa source jusqu'à cet objet est ouvert suivant de telles lignes. Car si, par exemple, il y avait une ouvertue B G, bornée par des corps opaques B·H, G I, l'onde de lumière qui sort du point A sera toujours terminée par les droites A C, A E,

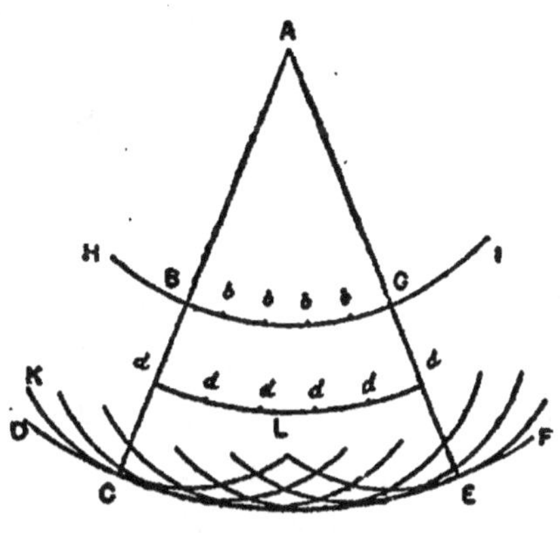

Fig. 7.

comme il vient dêtre démontré : les parties des ondes particulières, qui s'étendent hors de l'espace A C E étant trop faibles pour y produire de la lumière.

Or quelque petite que nous fassions l'ouverture B G, la raison est toujours la même pour y faire passer la lumière entre des lignes droites, parce que cette ouverture est toujours assez grande pour contenir un grand nombre de particules de la matière éthérée, qui sont d'une petitesse inconcevable; de sorte qu'il paraît que chaque petite partie d'onde s'avance nécessairement suivant la ligne droite qui vient du point luisant. Et c'est ainsi que l'on peut prendre des rayons de lumière comme si c'était des lignes droites.

Il paraît, au reste, par ce qui a été remarqué touchant la faiblesse des ondes particulières, qu'il n'est pas nécessaire que toutes les particules de l'éther soient égales entre elles, quoique l'égalité soit plus propre à la propagation du mouvement. Car il est vrai que l'inégalité fera qu'une particule, en poussant une autre plus grande, fasse effort pour reculer avec une partie de son mouvement, mais il ne s'engendrera de cela que quelques ondes particulières en arrière vers le point lumineux, incapables de faire de la lumière, et non pas d'onde composée de plusieurs, comme était C E.

Une autre et des plus merveilleuses propriétés de la lumière est que, quand il en vient de divers côtés, ou même d'opposés, elles font leur effet l'une à travers l'autre sans aucun empêchement. D'où vient aussi que par une même ouverture plusieurs spectateurs peuvent voir tout à la fois des objets différents, et que deux personnes se voient en même instant les yeux l'un de l'autre. Or suivant ce qui a été expliqué de l'action de la lumière, et comment ses ondes ne se détruisent point ni ne s'interrompent les unes les autres quand elles se croisent, ces effets que je viens de dire sont aisés à concevoir. Qui ne le sont nullement à mon avis, selon l'opinion de Descartes, qui fait consister la lumière dans une pression continuelle, qui ne fait que tendre au mouvement. Car cette pression ne pouvant agir tout à la fois des deux côtés opposés, contre des corps qui n'ont aucune inclination à s'approcher, il est impossible de comprendre ce que je viens de dire de deux personnes qui se voient les yeux mutuellement, ni comment deux flambeaux se puissent éclairer l'un l'autre.

CHAPITRE II

DE LA RÉFLEXION

Ayant expliqué les effets des ondes de lumière, qui s'étendent dans une matière homogène, nous examinerons ensuite ce qui leur arrive en rencontrant

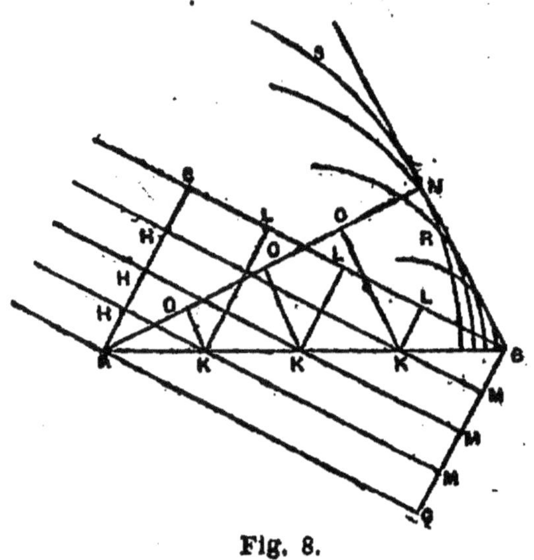

Fig. 8.

d'autres corps. Nous ferons voir premièrement comment par ces mêmes ondes s'explique la réflexion de la lumière, et pourquoi elle garde l'égalité des angles. Soit une surface plane et polie, de quelque métal, verre ou autre corps, A B (Fig. 8), que d'abord je considérerai comme parfaitement unie (me réservant à parler des inégalités, dont elle ne peut être exempte, à la fin de cette démonstration) et qu'une ligne A C, inclinée sur A B, représente une partie d'une onde de lumière, dont le centre soit si loin que cette partie A C puisse être considérée comme une ligne droite ; parce que je considère tout ceci comme dans un seul plan, m'imaginant que le plan, où est cette figure, coupe la sphère de l'onde par son centre, et le plan A B à angles droits, ce qu'il suffit d'avertir une fois pour toutes.

L'endroit C de l'onde A C, dans un certain espace de temps, sera avancé jusqu'au plan A B en B, suivant la droite C B, que l'on doit s'imaginer venir du centre lumineux, et qui par conséquent est perpendiculaire à AC. Or dans ce même espace de temps, l'endroit A de la même onde, qui a été empêché de communiquer son mouvement par delà le plan A B, ou du moins en partie, doit avoir continué son mouvement dans la matière qui est au-dessus de ce plan, et cela dans une étendue égale à C B, faisant son onde sphérique particulière, suivant ce qui a été dit ci-dessus. Laquelle onde est ici représentée par la circonférence S N R, dont le centre est A, et le demi-diamètre A N égal à C B.

Que si l'on considère ensuite les autres endroits H de l'onde A C, il paraît qu'ils ne seront pas seulement arrivés à la surface A B par les droites H K parallèles à C B, mais que de plus ils auront engendré, des centres K, des ondes sphériques particulières dans le diaphane, représentées ici par des circonférences dont les demi-diamètres sont égaux aux K M, c'est-à-dire aux continuations des H K jusqu'à la droite B G parallèle à A C.

Mais toutes ces circonférences ont pour tangente commune la ligne droite B N, savoir la même qui de B est faite tangente du premier de ces cercles, dont A était le centre, et A N le demi-diamètre égal à B C, comme il est aisé de voir.

C'est donc la ligne B N (comprise entre B et le point N, où tombe la perpendiculaire du point A) qui est comme formée par toutes ces circonférences, et qui termine le mouvement qui s'est fait par la réflexion de l'onde A C ; et c'est aussi où ce mouvement se trouve en beaucoup plus grande quantité que partout ailleurs. C'est pourquoi, selon ce qui a été expliqué, B N est la propagation de l'onde A C dans le moment que son endroit C est arrivé en B. Car il n'y a point d'autre ligne qui comme B N soit tangente commune de tous les dits cercles, si ce n'est B G, au-dessous du plan A B; laquelle B G serait la propagation de l'onde si le mouvement s'était pu étendre dans une matière homogène à celle qui est au-dessus du plan. Que si l'on veut voir comment l'onde A C est venue successivement en B N, l'on n'a qu'à tirer dans la même figure les droites K O parallèles à B N, et les droites K L parallèles à A C. Ainsi l'on verra que l'onde A C de droite est devenue brisée dans toutes les O K L successivement, et qu'elle est redevenue droite en N B.

Or il paraît d'ici que l'angle de réflexion se fait

égal à l'angle d'incidence. Car les triangles A C B, B N A étant rectangles, et ayant le côté A B commun, et le côté C B égal à N A, il s'ensuit que les angles opposés à ces côtés seront égaux, et partant aussi les angles C B A, N A B. Mais comme C B, perpendiculaire à C A, marque la direction du rayon

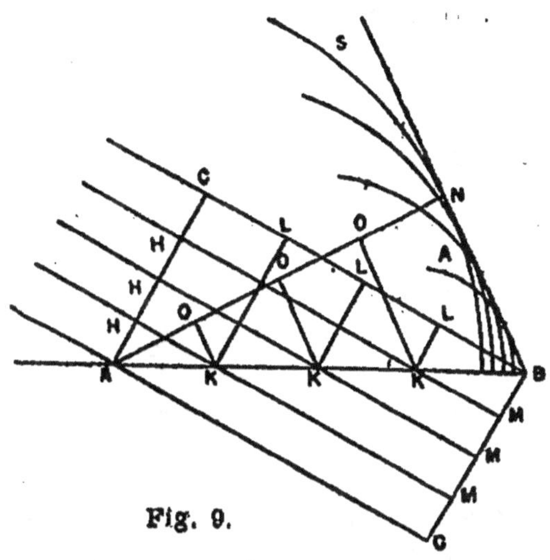

Fig. 9.

incident, ainsi A N, perpendiculaire à l'onde B N, marque la direction du rayon réfléchi ; donc ces rayons sont également inclinés sur le plan A B (Fig. 9).

Mais en considérant la démonstration précédente, l'on pourrait dire qu'il est bien vrai que B N est la tangente commune des ondes circulaires dans le plan de cette figure; mais que ces ondes, étant dans la vérité sphériques, ont encore une infinité de pareilles tangentes, savoir toutes les lignes droites qui du point B sont menées dans la surface du cône engendré par la droite B N autour de l'axe B A.

Il reste donc à montrer qu'il n'y a point de difficultés en ceci; et par la même raison l'on verra pourquoi toujours le rayon incident et le réfléchi sont dans un même plan perpendiculaire au plan réfléchissant. Je dis donc que l'onde A C, n'étant considérée que comme une ligne, ne produit point de lumière. Car un rayon visible de lumière,

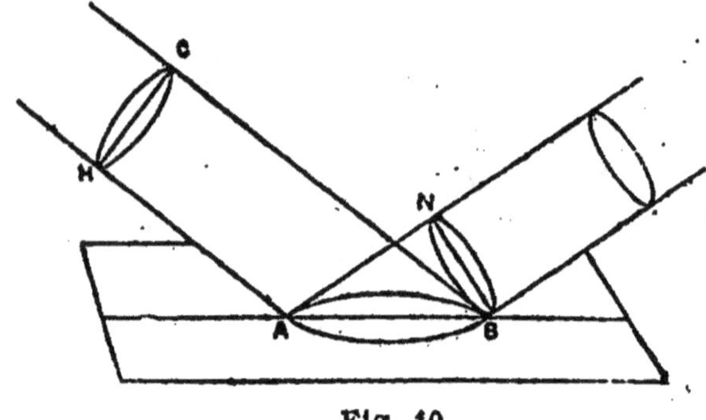

Fig. 10.

quelque mince qu'il soit, a toujours quelque épaisseur; et partant pour représenter l'onde dont le progrès fait ce rayon, il faut au lieu d'une ligne A C, mettre une figure plane, comme dans la figure suivante le cercle H C (Fig. 10), en supposant, comme on a fait, le point lumineux infiniment éloigné. Or il est aisé de voir, en suite de la précédente démonstration, que chaque petit endroit de cette onde H C, étant parvenu jusqu'au plan A B, et engendrant de là chacun son onde particulière, celles-ci auront toutes, lorsque C sera arrivé en B, un commun plan qui les touchera, savoir un cercle B N pareil à C H, et qui sera coupé par le milieu, et à angles droits, par le même plan qui coupe ainsi le cercle C H et l'ellipse A B.

L'on voit aussi que lesdites sphères des ondes particulières ne peuvent point avoir d'autre commun plan touchant que le cercle B N, de sorte que ce sera un plan où il y aura beaucoup plus de mouvement réfléchi que partout ailleurs, et qui pour cela portera la lumière continuée de l'onde C H.

J'ai dit aussi dans la démonstration précédente, que le mouvement de l'endroit A de l'onde incidente ne s'est pu communiquer au delà du plan A B, ou du moins pas entièrement. Où il faut remarquer que, quoique le mouvement de la matière éthérée se communiquât en partie à celle du corps réfléchissant, cela ne peut altérer en rien la vitesse du progrès des ondes, duquel dépend l'angle de réflexion. Car une légère percussion doit engendrer des ondes aussi vite qu'une très forte, dans une même matière. Ce qui vient de la propriété des corps qui font ressort, de laquelle nous avons encore parlé ci-dessus, savoir que peu ou beaucoup pressés ils se restituent en des temps égaux. Partant dans toute réflexion de la lumière, contre quelque corps que ce soit, les angles de réflexion et d'incidence doivent être égaux; nonobstant que ce corps fût de telle nature qu'il ôtât une partie du mouvement qui fait la lumière incidente. Et l'expérience montre qu'en effet il n'y a aucun corps poli dont la réflexion ne suive cette règle.

Mais ce qu'il faut surtout remarquer dans notre démonstration, c'est qu'elle ne demande pas que la surface réfléchissante soit considérée comme un plan uni, ainsi qu'ont supposé tous ceux qui ont tâché d'expliquer les effets de la réflexion; mais seulement d'une égalité telle que peuvent composer les particules de la matière du corps réfléchissant, mises les unes auprès des autres, lesquelles particules sont plus grandes que celles de la matière éthérée, comme il paraîtra par ce que nous dirons en traitant de la transparence et de l'opacité des corps. Car la surface consistant ainsi en des particules mises ensemble, et les particules éthérées étant par dessus, et plus petites, il est évident qu'on ne saurait démontrer l'égalité des angles d'incidence et de réflexion par la ressemblance de ce qui arrive à une balle poussée contre un mur, de laquelle on s'est toujours servi. Au lieu que dans notre manière la chose s'explique sans difficulté. Car la petitesse des particules du vif argent, par exemple, étant telle qu'il en faut concevoir des millions dans la moindre surface visible proposée, arrangée comme un amas de grains de sable, qu'on aurait aplani autant qu'il en est capable, cette surface alors devient égale comme un verre poli à notre égard; et quoiqu'elle demeure toujours raboteuse à l'égard des particules de l'éther, il est évident que les centres de toutes les sphères particulières de réflexion, dont nous avons parlé, sont à peu près dans un même plan uni, et qu'ainsi la commune tangente leur peut convenir assez parfaitement pour ce qu'il faut à la production de la lumière. Et c'est ce qui seulement est requis, dans notre manière de démontrer, pour faire l'égalité desdits angles, sans que le reste du mouvement réfléchi de toutes parts puisse produire aucun effet contraire.

CHAPITRE III

DE LA RÉFRACTION

De même que les effets de la réflexion ont été expliqués par les ondes de la lumière réfléchie à la surface des corps polis, nous expliquerons la transparence, et les phénomènes de la réfraction, par les ondes qui s'étendent au dedans et au travers des corps diaphanes, tant solides, comme le verre, que liquides, comme l'eau, les huiles, etc. Mais afin qu'il ne paraisse pas étrange de supposer ce passage des ondes au dedans de ces corps, je ferai voir auparavant qu'on peut le concevoir possible en plus d'une manière.

Premièrement donc quand la matière éthérée ne pénétrerait aucunement les corps transparents, leurs particules mêmes se pourraient communiquer successivement le mouvement des ondes, de même que celles de l'éther, étant supposées, comme celles-ci, de nature à faire ressort. Et cela est aisé à concevoir pour ce qui est de l'eau, et des autres liqueurs transparentes, comme étant composées de particules détachées. Mais il peut sembler plus difficile à l'égard du verre, et des autres corps transparents et durs, parce que leur solidité ne semble pas permettre qu'ils puissent recevoir du mouvement que dans toute leur masse à la fois. Ce qui pourtant n'est pas nécessaire, parce que cette solidité n'est pas telle qu'elle nous paraît, étant probable que ces corps sont plutôt composés de particules, qui ne sont que posées les unes auprès des autres, et retenues ensemble par quelque pression de dehors d'une autre matière, et par l'irrégularité des figures. Car premièrement leur rareté paraît par la facilité avec laquelle y passe la matière des tourbillons de l'aimant, et celle qui cause la pesanteur. De plus l'on ne peut pas dire que ces corps soient d'un tissu semblable à celui d'une éponge, ou du pain léger, parce que la chaleur du feu les fait couler, et change par là la situation des particules entre elles. Il reste donc que ce soient, comme il a été dit, des assemblages de particules qui se touchent, sans composer un solide continu; ce qui étant ainsi, le mouvement que ces particules reçoivent pour continuer les ondes de lumière, ne faisant que se communiquer des unes aux autres — sans qu'elles sortent pour cela de leur place, ou qu'elles se dérangent entre elles — il peut fort bien faire son effet sans préjudicier en rien à la solidité du composé qui nous paraît.

Par la pression du dehors dont j'ai parlé, il ne faut pas entendre celle de l'air, qui ne serait pas suffisante, mais une autre d'une matière plus subtile, laquelle pression se manifeste dans cette expérience que le hasard m'a fait rencontrer il y a longtemps, savoir de l'eau purgée d'air, qui demeure suspendue dans un tuyau de verre ouvert par le bout d'en bas, nonobstant que l'air soit ôté du vaisseau où ce tuyau est enfermé.

L'on peut donc de cette manière concevoir la transparence sans qu'il soit besoin que la matière éthérée, qui sert à la lumière, y passe, ni qu'elle trouve des pores pour s'y insinuer. Mais la vérité est que cette matière non seulement y passe, mais même avec grande facilité, de quoi l'expérience de Torricelli, dessus alléguée, est déjà une preuve. Par ce que le vif-argent et l'eau, quittant la partie haute du tuyau de verre, il paraît qu'elle est remplie aussitôt de la matière éthérée, puisque la lumière y passe. Mais voici un autre argument qui prouve cette pénétrabilité aisée, non seulement dans les corps transparents, mais aussi dans tous les autres.

Lorsque la lumière passe à travers d'une sphère creuse de verre, fermée de toutes parts, il est constant qu'elle est pleine de la matière éthérée, autant que les espaces au dehors de la sphère. Et cette matière éthérée, comme il a été montré ci-devant, consiste en des particules qui se touchent près-à-près. Si elle était donc tellement enfermée dans la sphère qu'elle ne pût sortir par les pores du verre, elle serait obligée de suivre le mouvement de la sphère lorsqu'on la fait changer de place; et il faudrait par conséquent la même force à peu près pour imprimer une certaine vitesse à cette sphère, lorsqu'elle serait posée sur un plan horizontal, que si elle était pleine d'eau ou peut-être de vif-argent : parce que tout corps résiste à la vitesse du mouvement, qu'on veut lui donner, selon la quantité de la matière qu'il contient, et qui doit suivre ce mouvement. Mais on trouve au contraire que la sphère ne résiste à l'impression du mouvement que selon la quantité de la matière du verre dont elle est faite : donc il faut que la matière éthérée, qui est dedans, ne soit point enfermée, mais qu'elle coule à travers avec très grande liberté. Nous ferons voir ci-après que la même pénétrabilité se conclut aussi, par ce moyen, en ce qui est des corps opaques.

La seconde manière donc d'expliquer la transparence, et qui paraît plus vraisemblable, c'est en disant que les ondes de lumière se continuent dans la matière éthérée, qui occupe continuellement les interstices ou pores des corps transparents. Car puisqu'elle y passe continuellement, et avec facilité, il s'ensuit qu'ils s'en trouvent toujours remplis. Et l'on peut même démontrer que ces interstices occupent beaucoup plus d'espace que les particules cohérentes qui constituent les corps. Car s'il est vrai ce que nous venons de dire, qu'il faut de la force pour imprimer certaine vitesse horizontale aux corps, à proportion qu'ils contiennent de la matière cohérente; et si la proportion de cette force suit la raison des pesanteurs, ce qui se confirme par l'expérience, donc la quantité de la matière constituante des corps suit aussi la proportion des pesanteurs. Or nous voyons que l'eau ne pèse que la quatorzième partie autant qu'une portion égale de vif-argent : donc la matière de l'eau n'occupe pas la quatorzième partie de l'espace que tient sa masse. Même elle en doit occuper bien moins, puisque le vif-argent est moins pesant que l'or, et que la matière de l'or est fort peu dense : comme il s'ensuit de ce que la matière des tourbillons de l'aimant, et de celle qui cause la pesanteur, y passe très librement.

Mais on peut objecter ici que, si le corps de l'eau est d'une si grande rareté, et que ses particules occupent une si petite portion de l'espace de son étendue apparente, il est bien étrange comment elle résiste pourtant si fort à la compression, sans se laisser condenser par aucune force qu'on ait essayée jusqu'ici d'y employer, conservant même toute sa liquidité, pendant qu'elle souffre cette pression.

Ce n'est pas ici une petite difficulté. Laquelle pourtant on peut résoudre en disant que le mouvement très violent et rapide de la matière subtile qui rend l'eau liquide, en ébranlant les particules dont elle est composée, maintient cette liquidité malgré la pression que jusqu'ici on se soit avisé d'y appliquer.

La rareté des corps transparents étant donc telle que nous avons dit, l'on conçoit aisément que les ondes puissent être continuées dans la matière éthérée qui emplit les interstices des particules. Et de plus l'on peut croire que le progrès de ces ondes doit être un peu plus lent au dedans des corps, à raison des petits détours que causent les mêmes particules. Dans laquelle différente vitesse de la lumière, je ferai voir que consiste la cause de la réfraction.

J'indiquerai auparavant la troisième et dernière manière dont on peut concevoir la transparence, qui est en supposant que le mouvement des ondes de lumière se transmet indifféremment et dans les particules de la matière éthérée, qui occupe les interstices des corps, et dans les particules qui les composent, en sorte que ce mouvement passe des unes aux autres. L'on verra ci-après que cette hypothèse sert beaucoup à expliquer la réfraction double de certains corps diaphanes.

Que si l'on objecte que les particules de l'éther étant plus petites que celles des corps transparents, puisqu'elles passent par leurs intervalles, il s'ensuivrait qu'elles ne leur pourraient communiquer que peu de leur mouvement, l'on peut répondre, que les particules de ces corps sont encore composées d'autres particules plus petites; et qu'ainsi ce seront ces particules secondes qui recevront le mouvement de celles de l'éther.

Au reste, si celles des corps transparents ont leur ressort un peu moins prompt que n'est celui des particules éthérées, ce que rien n'empêche de supposer, il s'ensuivra derechef que le progrès des ondes de lumière sera plus lent au dedans de ce corps, qu'elle n'est au dehors dans la matière éthérée.

C'est là tout ce que j'ai trouvé de plus vraisemblable pour la manière dont les ondes de la lumière passent à travers les corps transparents. A quoi il faut encore ajouter en quoi ces corps diffèrent de ceux qui sont opaques; et d'autant plus qu'il peut sembler, à cause de la facile pénétration des corps par la matière éthérée, dont il a été parlé, qu'il n'y aurait point de corps qui ne fût transparent.

Car par la même raison de la sphère creuse que j'ai employée pour prouver le peu de densité du verre, et la pénétrabilité aisée à la matière éthérée, l'on peut aussi prouver que la même pénétrabilité convient aux métaux et à toute autre sorte de corps. Car cette sphère étant d'argent par exemple, il est certain qu'elle contient de la matière éthérée qui sert à la lumière, puisque cette matière y était aussi bien que l'air, lorsqu'on bouchait l'ouverture de la sphère. Cependant étant fermée, et posée sur un plan horizontal, elle ne résiste au mouvement qu'on lui veut donner que suivant la quantité de l'argent dont elle est faite, de sorte qu'il en faut conclure, comme dessus, que la matière éthérée, qui est enfermée ne suit point le mouvement de la sphère; et que partant l'argent, aussi bien que le verre, est très facilement pénétré par cette matière. Il s'en trouve donc continuellement et en quantité entre les particules de l'argent et de tous les autres corps opaques; et puisqu'elle sert à la propagation de la lumière, il semble que ces corps devraient aussi être transparents, comme le verre, ce qui pourtant n'est point.

D'où dira-t-on donc que vient leur opacité? est-ce que les particules qui les composent sont molles, c'est-à-dire que ces particules, étant composées d'autres moindres, sont capables de changer de figure en recevant l'impression des particules éthérées, desquelles par là elles amortissent le mouvement, et empêchent ainsi la continuation des ondes de lumière? Cela ne se peut; car si les particules des métaux sont molles, comment est-ce que l'argent poli et le mercure réfléchissent si fortement la lumière?! Ce que je trouve de plus vraisemblable en ceci, c'est de dire que les corps des métaux, qui sont presque les seuls véritablement opaques, parmi leurs particules dures en ont de molles entremêlées, de sorte que les unes servent à causer la réflexion et les autres à empêcher la transparence; au lieu que les corps transparents ne contiennent que des particules dures, qui ont la faculté de faire ressort, et servent ensemble avec celles de la matière éthérée, ainsi qu'il a été dit, à la propagation des ondes de la lumière.

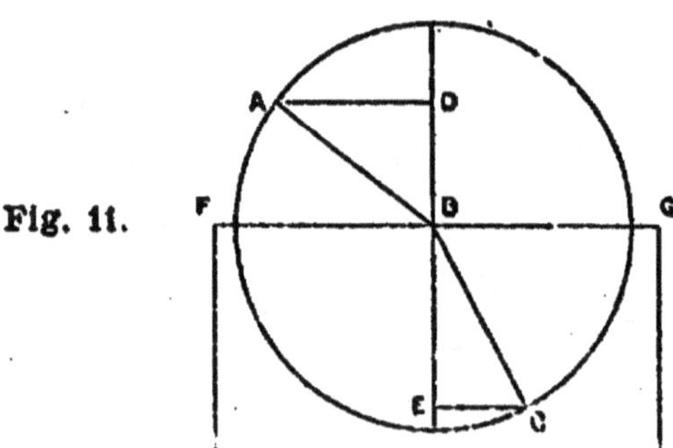

Fig. 11.

Passons maintenant à l'explication des effets de la réfraction, en supposant comme nous avons fait, le passage des ondes de la lumière à travers les corps transparents, et la diminution de vitesse que ces mêmes ondes y souffrent.

La principale propriété de la réfraction est, qu'un rayon de lumière, comme A B (Fig. 11), étant dans l'air, et tombant obliquement sur la surface polie d'un corps transparent comme F G, se rompt au point d'incidence B, en sorte qu'avec la droite D B E, qui coupe la surface perpendiculairement, il fait un angle OBE moindre que ABD, qu'il faisait avec la même perpendiculaire étant dans l'air. Et la mesure de ces angles se trouve en décrivant un cercle du point B, qui coupe les rayons AB, BC. Car les perpendiculaires AD, CE menées des points d'intersection sur la droite DE, lesquelles on appelle les sinus des angles ABD, CBE, ont entre elles une certaine raison, qui est toujours la même dans toutes les inclinaisons du rayon incident, pour ce qui est d'un certain corps transparent : étant dans le verre fort près comme de 3 à 2, et dans l'eau fort près comme de 4 à 3, et ainsi différente dans d'autres corps diaphanes.

Une autre propriété, pareille à celle-ci, est que les réfractions sont réciproques entre les rayons entrant dans un corps transparent, et ceux qui en sortent. C'est-à-dire que si le rayon AB en entrant dans le corps transparent se rompt en BC, aussi CB, étant pris pour un rayon au dedans de ce corps, se rompra, en sortant, en BA.

Pour expliquer donc les raisons de ces phénomènes suivant nos principes, soit la droite AB (Fig. 12), qui représente une surface plane, terminant les corps transparents qui sont vers C et vers N. Quand je dis plane, cela ne signifie pas d'une égalité parfaite, mais telle qu'elle a été entendue en traitant de la réflexion, et par la même raison. Que la ligne AC représente une partie d'onde de lumière, dont le centre soit supposé si loin, que cette partie puisse être considérée comme une ligne droite. L'endroit C donc, de l'onde A O, dans un certain espace de temps sera avancé jusqu'au plan A B suivant la droite O B, que l'on doit imaginer qu'elle vient du centre lumineux, et qui par conséquent coupera A O à angles droits. Or dans le même temps l'endroit A serait venu en G par la droite A G, égale et parallèle à O B; et toute la partie d'onde A O serait en G B, si la matière du corps transparent trans-

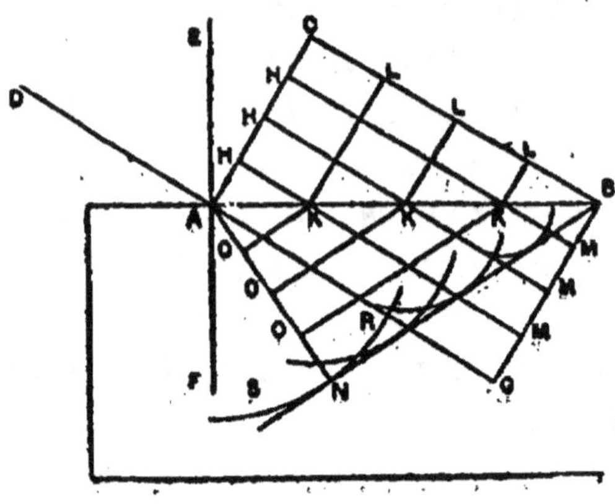

Fig. 12.

mettait le mouvement de l'onde aussi vite que celle de l'éther. Mais supposons qu'elle transmette ce mouvement moins vite, par exemple, d'un tiers. Il se sera donc répandu du mouvement depuis le point A, dans la matière du corps transparent, par une étendue égale aux deux tiers de O B, faisant son onde sphérique particulière, suivant ce qui a été dit ci-devant; laquelle onde est donc représentée par la circonférence S N R, dont le centre est A, et le demi-diamètre égal aux deux tiers de O B. Que si l'on considère ensuite les autres endroits H de l'onde A O, il paraît que dans le même temps que l'endroit C est venu en B, ils ne seront pas seulement arrivés à la surface A B, par des droites H K parallèles à C B, mais que de plus ils auront engendré, des contres K, des ondes particulières dans le diaphane, représentées ici par des circonférences dont les demi-diamètres sont égaux aux deux tiers des lignes K M, c'est-à-dire aux deux tiers des continuations de H K jusqu'à la droite B G; car ces demi-diamètres auraient été égaux aux K M entières, si les deux diaphanes étaient de même pénétrabilité.

Or toutes ces circonférences ont pour tangente commune la ligne droite B N : savoir la même qui du point B est faite tangente de la circonférence S N R, que nous avons considéré la première. Car il est aisé de voir que toutes les autres circonférences vont toucher à la même B N, depuis B jusqu'au point de contact N, qui est le même où tombe A N perpendiculaire sur B N.

C'est donc B N, qui est comme formée par de petits arcs de ces circonférences, qui termine le mouvement que l'onde A C a communiqué dans le corps transparent, et où ce mouvement se trouve en beaucoup plus grande quantité que partout ailleurs. Et pour cela cette ligne, suivant ce qui a été dit plus d'une fois, est la propagation de l'onde A C dans le moment que son endroit C est arrivé en B. Car il n'y a point d'autre ligne au-dessous du plan A B qui, comme B N, soit tangente commune de toutes lesdites ondes particulières. Que si l'on veut savoir comment l'onde A C est venue successivement en B N, il ne faut que dans la même figure tirer les droites K O parallèles à B N, et toutes les K L parallèles à A C. Ainsi l'on verra que l'onde C A, de droite est devenue brisée dans toutes les L K O successivement, et qu'elle est redevenue droite en B N. Ce qui étant évident par ce qui a déjà été montré, il n'est pas besoin de l'éclaircir davantage.

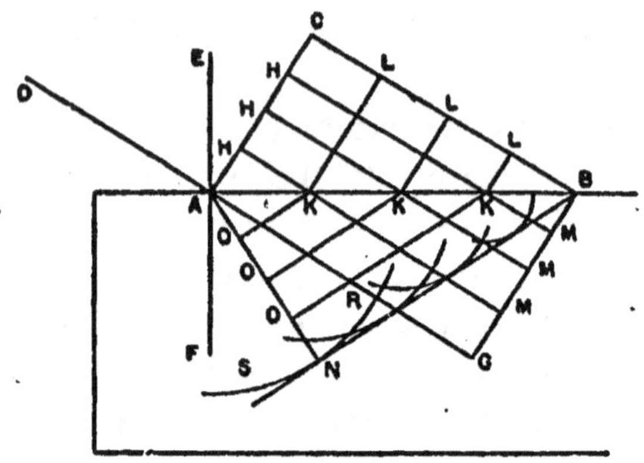

Fig. 13.

Or dans la même figure, si on mène E A F (Fig. 13), qui coupe le plan A B à angles droits au point A, et que A D soit perpendiculaire à l'onde A C, ce sera D A qui marquera le rayon de lumière incident, et A N, qui était perpendiculaire à B N, le rayon rompu : puisque les rayons ne sont autre chose que les lignes droites suivant lesquelles les parties des ondes s'étendent.

D'où il est aisé de reconnaître cette principale propriété des réfractions, savoir que le sinus de l'angle D A E, a toujours une même raison au sinus de l'angle N A F, quelle que soit l'inclinaison du rayon D A, et que cette raison est la même que celle de la vitesse des ondes dans le diaphane qui est vers A E, à leur vitesse dans le diaphane vers A F. Car considérant A B comme rayon d'un cercle, le sinus de l'angle B A C est B C, et le sinus de l'angle A B N est A N. Mais l'angle B A C est égal à D A E, puisque chacun d'eux, ajouté à C A E, fait un angle droit. Et l'angle A B N est égal à N A F, puisque chacun d'eux avec B A N fait un angle droit. Donc le sinus de l'angle D A E est aussi au sinus de N A F comme B C à A N. Mais la raison de B C à A N était la même que celle des vitesses de la lumière dans la matière qui est vers A E et dans celle qui est vers A F : donc aussi le sinus de l'angle D A E au sinus de l'angle N A F sera comme lesdites vitesses de la lumière.

Pour voir ensuite quelle doit être la réfraction, lorsque les ondes de lumière passent dans un corps, où le mouvement s'étend plus vite que dans celui d'où ils sortent (posons derechef selon la raison de 3 à 2), il ne faut que répéter toute la même construction et démonstration que nous venons de mettre, en substituant seulement partout 3/2 au lieu de 2/3. Et l'on trouvera par le même raisonnement, dans cette autre figure (Fig. 14), que lorsque l'endroit C de l'onde A C sera parvenu jusqu'à la surface A B en B, toute la partie d'onde A C sera avancée en B N, en sorte que B C perpendiculaire sur A C soit à A N perpendiculaire sur B N comme 2 à 3. Et que cette même raison de 2 à 3 sera enfin entre le sinus de l'angle E A D, et le sinus de l'angle F A N.

D'ici l'on voit la réciprocation des réfractions du rayon entrant et sortant d'un même diaphane : savoir que si N A tombant sur la surface extérieure A B, se rompt en A D, aussi le rayon D A se rompra, en sortant du diaphane, en A N.

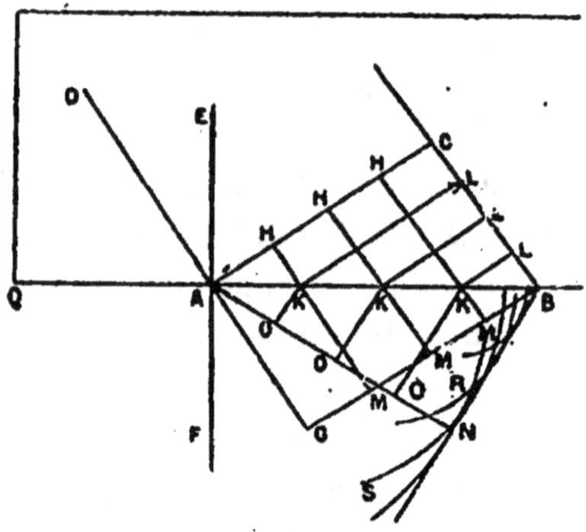

Fig. 14.

L'on voit aussi la raison d'un accident notable qui arrive dans cette réfraction, qui est que depuis une certaine obliquité du rayon incident D A, il commence à ne point pouvoir pénétrer dans l'autre diaphane. Car si l'angle D A Q ou C B A est tel que dans le triangle A C B, C B soit égal aux 2/3 de A B, ou plus grande, alors A N ne peut pas faire un côté du triangle A N B, parce qu'elle devient égale à A B, ou plus grande : de sorte que la partie d'onde B N ne se trouve nulle part, ni par conséquent A N, qui lui devait être perpendiculaire. Et ainsi le rayon incident D A ne perce point alors la surface A B.

Quand la raison des vitesses des ondes est de 2 à 3, comme dans notre exemple, qui est celle qui convient au verre et à l'air, l'angle D A Q doit être plus grand que de 48 degrés 11 minutes, afin que le rayon D A puisse passer en se rompant. Et quand la raison de ces vitesses est de 3 à 4, comme elle est à fort peu près dans l'eau et l'air, cet angle D A Q doit excéder 41 degrés 24 minutes. Et cela s'accorde parfaitement avec l'expérience.

Mais on pourrait demander ici, puisque la rencontre de l'onde A C contre la surface A B doit produire du mouvement dans la matière qui est de l'autre côté, pourquoi il n'y passe point de lumière. A quoi la réponse est aisée si l'on se souvient de ce qui a été dit ci-devant. Car bien qu'il s'engendre une infinité d'ondes particulières dans la matière qui est de l'autre côté de A B, il n'arrive point à ces ondes d'avoir une ligne tangente commune (soit droite ou courbe) en un même instant; et ainsi il n'y a point de ligne qui termine la propagation de l'onde A C au delà du plan A B, ni où le mouvement soit ramassé en assez grande quantité pour produire de la lumière. Et l'on verra aisément la vérité de ceci, savoir que C B étant plus grande que les 2/3 de A B, les ondes excitées au delà du plan A B n'auront point de commune tangente, si des centres K l'on décrit alors des cercles, ayant les rayons égaux aux 3/2 des L B qui leur répondent. Car tous ces cercles seront enfermés les uns dans les autres, et passeront tous au delà du point B.

Or il est à remarquer que, dès lors que l'angle D A Q est plus petit qu'il ne faut pour

permettre que le rayon D A rompu puisse passer
dans l'autre diaphane, l'on trouve que la réflexion
intérieure, qui se fait à la surface A B, s'augmente
de beaucoup en clarté, comme il est aisé d'expé-
rimenter avec un prisme triangulaire : de quoi l'on
peut rendre cette raison par notre théorie. Lorsque
l'angle D A Q est encore assez grand pour faire que
le rayon D A puisse passer, il est manifeste que la
lumière de la partie d'onde A C est ramassée dans
une moindre étendue, lorsqu'elle est parvenue
en B N. Il paraît aussi que l'onde B N devient
d'autant plus petite que l'angle C B A ou D A Q est
fait plus petit; jusqu'à ce qu'étant diminué jusqu'à
la détermination peu auparavant marquée, cette
onde B N se ramasse toute comme dans un point.
C'est-à-dire que quand l'endroit C de l'onde A C
est alors arrivé en B, l'onde B N, qui est la propagation de A C, est toute réduite au même point B;
de même que, quand l'endroit H était arrivé en K,
la partie A H était toute réduite au même point K.
Ce qui fait voir qu'à mesure que l'onde C A est
venue rencontrer la surface A B, il s'est trouvé
grande quantité de mouvement le long de cette
surface; lequel mouvement se doit être répandu
aussi en dedans du corps transparent, et avoir
renforcé de beaucoup les ondes particulières, qui
produisent la réflexion intérieure contre la surface
A B, suivant les lois de la réflexion ci-devant
expliquées.

Et parce qu'un peu de diminution à l'angle
d'incidence D A Q, fait devenir l'onde B N, d'assez
grande qu'elle était, à rien (car cet angle étant

dans le verre de 49 degrés 11 minutes, l'angle B A N est encore de 11 degrés 21 minutes, et le même angle D A Q étant diminué d'un degré seulement, l'angle B A N est réduit à rien, et ainsi l'onde B N réduite à un point) : de là vient que la réflexion intérieure d'obscure devient subitement claire, dès lors que l'angle d'incidence est tel qu'il ne donne plus passage à la réfraction.

Or pour ce qui est de la réflexion extérieure ordinaire, c'est-à-dire qui arrive lorsque l'angle d'incidence D A Q est encore assez grand pour faire que le rayon rompu puisse pénétrer au delà de la superficie A B : cette réflexion se doit faire contre les particules de la matière qui touche le corps transparent par dehors. Et c'est apparemment contre les particules de l'air et autres, mêlées parmi la matière éthérée, et plus grossière qu'elle. Comme d'autre côté la réflexion extérieure de ces corps se fait contre les particules qui les composent, et qui sont aussi plus grosses que celles de la matière éthérée, puisque celle-ci coule dans leurs intervalles. Il est vrai qu'il reste en ceci quelque difficulté dans les expériences où cette réflexion intérieure se fait sans que les particules de l'air y puissent contribuer, comme dans des vaisseaux ou tuyaux d'où l'air a été tiré.

L'expérience au reste nous apprend que ces deux réflexions sont à peu près d'égale force, et que dans les différents corps transparents elles en ont d'autant plus que la réfraction de ces corps est plus grande. Ainsi l'on voit manifestement que la réflexion du verre est plus forte que celle de l'eau, et celle du diamant plus forte que celle du verre.

Je finirai cette théorie de la réfraction en démontrant une proposition remarquable qui en dépend; savoir qu'un rayon de lumière pour aller d'un point à un autre, quand ces points sont dans des diaphanes différents, se rompt en sorte à la surface plane qui joint ces deux milieux, qu'il emploie le moindre temps possible, tout de même qu'il arrive dans la réflexion contre une surface plane. M. Fermat a proposé le premier cette propriété des réfractions, tenant comme nous, et directement contre l'opinion de M. Descartes, que la lumière passe plus lentement à travers le verre et l'eau qu'à travers l'air. Mais il supposait outre cela la proportion constante des sinus, que nous venons de prouver par ces seuls divers degrés de vitesse; ou bien, ce qui vaut autant, il supposait outre ces diverses vitesses, que la lumière employait en ce passage le moindre temps possible, pour en conclure la proportion constante des sinus. Sa démonstration, qui se voit dans ses ouvrages imprimés et dans le livre des lettres de M. Descartes, est fort longue; c'est pourquoi je donne ici cette autre plus simple et plus facile.

Soit la surface plane K F (Fig 15); le point A dans le diaphane que la lumière traverse plus facilement, comme l'air; le point O dans un autre plus difficile à pénétrer, comme l'eau; et qu'un rayon soit venu de A, par B en O, ayant été rompu en B suivant la loi peu auparavant démontrée; c'est-à-dire qu'ayant mené P B Q, qui coupe le plan à angles droits, le sinus de l'angle A B P au sinus de l'angle O B Q ait la même raison que la vitesse de la lumière dans le diaphane, où est A, à sa vitesse où est O. Il

faut démontrer que les temps du passage de la
lumière par A B et B O, pris ensemble, sont les plus
courts qu'ils peuvent être. Prenons qu'elle soit venue
par d'autres lignes, et premièrement par A F, F O,
en sorte que le point de réfraction F soit plus

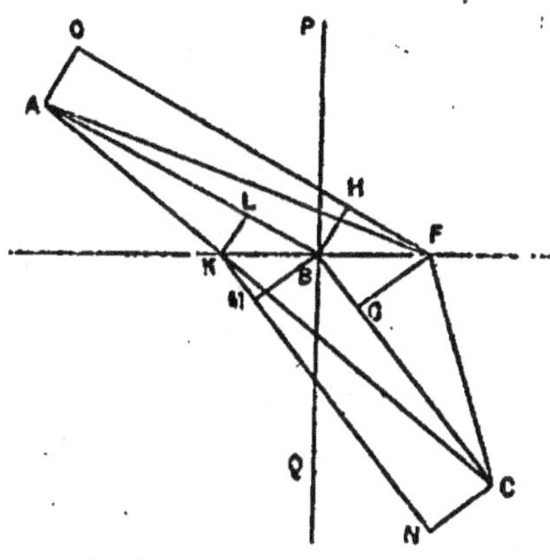

Fig. 15.

distant que B du point A, et soit A O perpendiculaire sur A B, F O parallèle à A B; B H perpendiculaire sur F O, et F G sur B O.

Puisque donc l'angle H B F est égal à P B A, et
l'angle B F G égal à Q B O, il s'ensuit que le sinus
de l'angle H B F aura aussi au sinus de B F G la
même raison que la vitesse de la lumière dans le
diaphane A, à sa vitesse dans le diaphane O. Mais
ces sinus sont les droites H F, B G, en prenant B F
pour demi-diamètre d'un cercle. Donc ces lignes,
H F, B G, ont entre elles ladite raison des vitesses.
Et partant le temps de la lumière par H F, supposé
que le rayon fut O F, serait égal au temps par B G

au dedans du diaphane C. Mais le temps par A B est égal au temps par O H, donc le temps par O F est égal au temps par A B, B G. Derechef le temps par F C est plus long que par G C, donc le temps par O F C sera plus long que par A B C. Mais A F est plus grande que O F, donc le temps par A F C excédera d'autant plus le temps par A B C.

Prenons maintenant que le rayon soit venu de A en C par A K, K C, le point de réfraction A K étant plus près de A que n'est le point B; et soit C N perpendiculaire sur B C, K N parallèle à B C, B M perpendiculaire sur K N, et K L sur B A.

Ici B L et K M sont les sinus des angles B K L, K B M, c'est-à-dire des angles P B A, Q B C; et partant elles sont entre elles comme la vitesse de la lumière dans le diaphane A, à la vitesse dans le diaphane C. Donc le temps par L B est égal au temps par K M; et puisque le temps par B C est égal au temps par M N, le temps par L B C sera égal au temps par K M N. Mais le temps par A K est plus long que par A L : donc le temps par A K N est plus long que par A B C. Et K C étant plus long que K N, le temps par A K C surpassera d'autant plus le temps par A B C. Ainsi il paraît que le temps par A B C est le plus court qu'il peut être : ce qu'il fallait démontrer.

CHAPITRE IV

DE LA RÉFRACTION DE L'AIR

Nous avons montré comment le mouvement, qui fait la lumière, s'étend par des ondes sphériques dans une matière homogène: Et il est évident que lorsque la matière n'est pas homogène, mais de telle constitution que le mouvement s'y communique plus vite vers un côté que vers un autre, ces ondes ne sauraient être sphériques, mais qu'elles doivent prendre leur figure suivant les différents espaces que le mouvement successif parcourt en des temps égaux.

C'est par là que nous expliquerons premièrement les réfractions qui se font dans l'air, qui s'étend d'ici aux nues et au delà; desquelles réfractions les effets sont fort remarquables, car c'est par elles que nous voyons souvent des objets que la rondeur de la Terre nous devrait autrement cacher, comme des îles et des sommets de montagnes lorsqu'on est sur mer. Par elles aussi le Soleil et la Lune paraissent levés auparavant qu'ils le soient en effet, et couchés plus tard; de sorte qu'on a vu souvent la Lune éclipsée que le Soleil paraissait encore dessus l'horizon. Et ainsi les hauteurs du Soleil et de la

Lune, et celles de toutes les étoiles paraissent toujours un peu plus grandes, par ces mêmes réfractions, qu'elles ne sont dans la vérité, comme savent les astronomes. Mais il y a une expérience qui rend cette réfraction fort visible, qui est qu'en fixant une lunette d'approche en quelqu'endroit, en sorte qu'elle regarde un objet éloigné de demi-lieue ou plus, comme un clocher ou une maison, si on y regarde à des heures différentes du jour, la laissant toujours attachée de même, l'on verra que ce ne seront pas les mêmes endroits de l'objet qui se présenteront au milieu de l'ouverture de la lunette, mais que d'ordinaire le matin et le soir, lorsqu'il y a plus de vapeurs près de la Terre, ces objets semblent monter plus haut, en sorte que la moitié ou davantage n'en sera plus visible, et qu'ils baisseront vers le midi quand ces vapeurs seront dissipées.

Ceux qui ne considèrent la réfraction que dans les surfaces qui distinguent des corps transparents de diverse nature, auraient peine à rendre raison de tout ce que je viens de rapporter, mais suivant notre Théorie la chose est fort aisée. L'on sait que l'air qui nous environne, outre les particules qui lui sont propres, et qui nagent dans la matière éthérée, comme il a été expliqué, se remplit encore de particules d'eau, que l'action de la chaleur élève; et l'on a reconnu d'ailleurs par de très certaines expériences, que la densité de l'air diminue à mesure qu'on y monte plus haut. Or, soit que les particules de l'eau et celles de l'air participent, par le moyen des particules de la matière éthérée, du mouvement qui fait la lumière, mais qu'elles soient d'un ressort moins prompt que celles-ci, ou que la rencontre, et l'embarras que ces parties d'air et d'eau donnent à la propagation du mouvement des particules éthérées, en retarde le progrès, il s'ensuit que les unes et les autres, volant parmi les particules éthérées, doivent rendre l'air, depuis une grande hauteur jusqu'à la Terre, par degrés, moins facile à l'extension des ondes de la lumière.

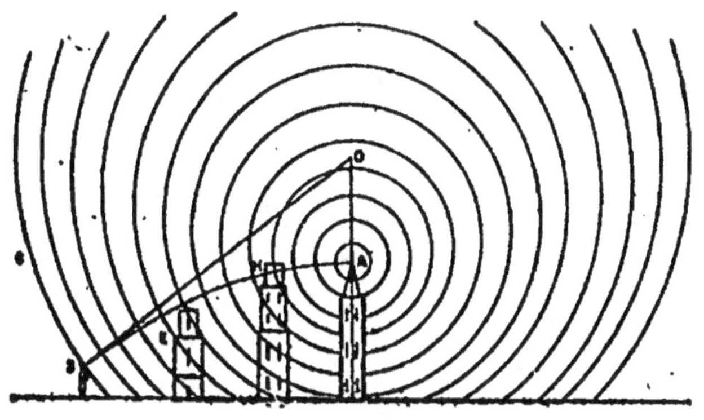

Fig. 16.

D'où la figure des ondes doit devenir telle environ que cette figure la représente (Fig. 16). Savoir si A est une lumière, ou une pointe visible d'un clocher, les ondes qui en naissent doivent s'étendre plus amplement vers en haut, et moins vers en bas, mais vers les autres endroits plus ou moins selon qu'ils approchent de ces deux extrêmes. Ce qui étant, il s'ensuit nécessairement que toute ligne, qui coupe une de ces ondes à angles droits, passe au-dessus du point A, si ce n'est la seule qui est perpendiculaire à l'horizon.

Soit B C l'onde qui porte la lumière au spectateur qui est en B, et que B D soit la droite qui coupe cette onde perpendiculairement. Or parce que le rayon ou la ligne droite, par laquelle nous jugeons l'endroit où l'objet nous paraît, n'est autre chose que la perpendiculaire à l'onde qui arrive à notre œil, comme l'on peut entendre par

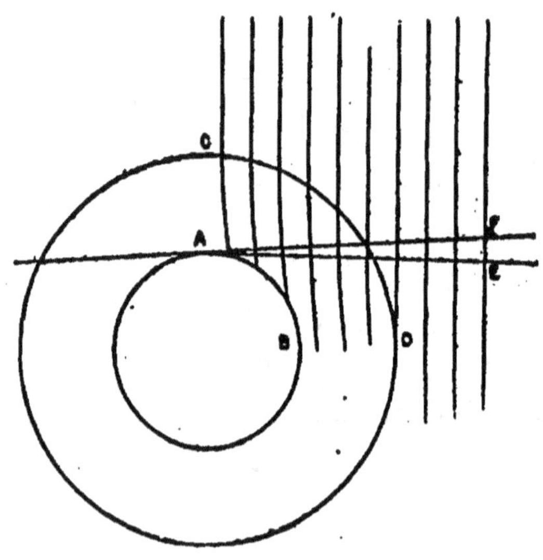

Fig. 17.

ce qui a été dit ci-dessus, il est manifeste que le point A s'apercevra comme étant dans la droite B D et ainsi plus haut qu'il n'est en effet.

De même si la Terre est A B (Fig. 17), et l'extrémité de l'Atmosphère C D, qui vraisemblablement n'est pas une surface sphérique bien terminée, puisque nous savons que l'air se raréfie à mesure qu'on y monte plus haut, parce qu'il en a d'autant moins au-dessus de lui qui le presse ; les ondes de la lumière du soleil venant, par exemple, en sorte que, tant qu'elles n'ont pas atteint l'atmosphère O D, la droite A E les coupe perpendiculairement; ces mêmes ondes, entrant dans l'atmosphère, doivent avancer plus vite aux endroits élevés que dans ceux qui sont plus près de la Terre. De sorte que si O A est l'onde qui porte la lumière au spectateur en A, son endroit O sera le plus avancé; et là droite A F, qui coupe cette onde à angles droits, et qui détermine le lieu apparent du Soleil, passera au-dessus du Soleil véritable, qui serait vu par la ligne A E. Et ainsi il peut arriver que ne devant point être visible sans vapeurs, parce que la ligne A E rencontre la rondeur de la Terre, il s'apercevra par la réfraction dans la ligne A F. Mais cet angle E A F n'est jamais guère plus grand que d'un demi-degré, parce que la ténuité des vapeurs n'altère que bien peu les ondes de la lumière. De plus ces réfractions ne sont pas tout à fait constantes en tout temps, surtout dans les petites hauteurs de 2 ou 3 degrés, ce qui vient de la différente quantité de vapeurs aqueuses qui s'élèvent de la Terre.

Et ceci même est cause qu'en de certains temps un objet éloigné sera caché derrière un autre moins éloigné, et qu'il pourra être vu dans un autre temps, quoique l'endroit d'où l'on regarde soit toujours le même. Mais la raison de cet effet sera encore plus évidente par ce que nous allons remarquer touchant la courbure des rayons. Il paraît par les choses expliquées ci-dessus que le progrès, ou la propagation d'une particule d'une onde de lumière, est proprement ce qu'on appelle un rayon. Or ces rayons, au lieu qu'ils sont droits dans des diaphanes homogènes, doivent être courbes dans un air d'inégale pénétrabilité. Car ils suivent nécessairement la ligne qui, depuis l'objet jusqu'à l'œil, coupe toutes les progressions des ondes à angles droits, ainsi que dans la première figure fait la ligne A E B (Fig. 16), comme il sera montré ci-après; et c'est cette ligne qui détermine quels corps interposés nous doivent empêcher de voir l'objet ou non. Car bien que la pointe du clocher A paraisse élevée en D, pourtant elle ne paraîtrait pas à l'œil B si la tour H était entre eux, parce qu'elle traverse la courbe A E B. Mais la tour E, qui est au-dessous de cette courbe, n'empêche point la pointe A d'être vue. Or selon que l'air proche de la Terre excède en densité celui qui est plus élevé, la courbure du rayon A E B devient plus grande; de sorte qu'en certains temps il passe au-déssus du sommet E, ce qui fait apercevoir la pointe A à l'œil en B; et en d'autres temps, il est interrompu par la même tour E, ce qui cache A à ce même œil.

Mais pour démontrer cette courbure des rayons conformément à notre précédente Théorie, imaginons-nous que A B (Fig. 18) soit une parcelle d'onde de lumière venant du côté C, laquelle nous pouvons considérer comme une ligne droite. Posons aussi qu'elle soit perpendiculaire à l'horizon; l'endroit B étant plus proche de la Terre que l'endroit A, et qu'à cause des vapeurs moins embarrassantes en A qu'en B, l'onde particulière qui procède du point A s'étende par un certain espace A D, pendant que l'onde particulière qui procède

du point B s'étend par un espace moindre B E,
étant A D, B E parallèles à l'Horizon. De plus,
supposant des droites F G, H I, etc., tirées d'une
infinité de points dans la droite A B, et terminées
par la droite (ou qui peut être considérée comme
telle) D E, soient par toutes ces lignes représentées
les diverses pénétrabilités dans les différentes

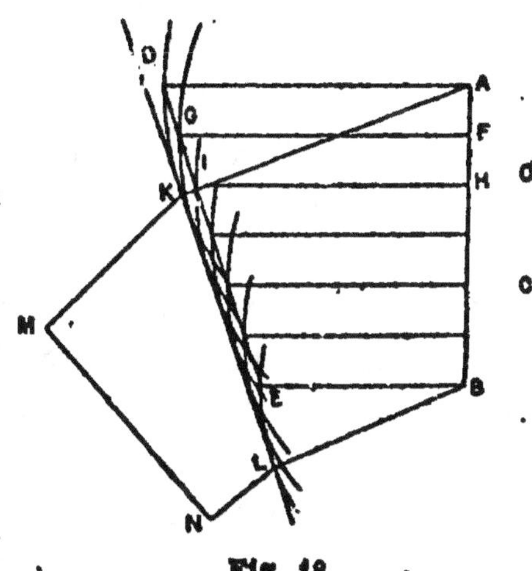

Fig. 18.

hauteurs de l'air entre A et B; de sorte que l'onde
particulière, née du point F, s'élargira de l'espace
F G, et celle du point H de l'espace H I, pendant
que celle du point A s'étend par l'espace A D.

Or si des centres A, B l'on décrit les cercles D K,
E L, qui représentent l'étendue des ondes qui
naissent de ces deux points, et que l'on mène la
droite K L qui touche ces deux cercles, il est aisé
de voir que cette même ligne sera la tangente commune de tous les autres cercles qui ont été décrits
des centres F, H, etc., et que tous les points de

contact tomberont dans la partie de cette ligne qui est comprise entre les perpendiculaires A K, B L. Donc ce sera la droite K L qui terminera le mouvement des ondes particulières nées des points de l'onde A B, et ce mouvement sera plus fort entre les points K L que partout ailleurs dans le même instant, puisqu'une infinité de circonférences concourent à former cette droite. Et partant K L sera la propagation de la partie d'onde A B, suivant ce qui a été dit en expliquant la réflexion et la réfraction ordinaire. Or il paraît que A K, B L baissent vers le côté où l'air est moins aisé à pénétrer, car A K étant plus longue que B L, et lui étant parallèle, il s'ensuit que les lignes A B, K L, étant prolongées, concourent du côté L. Mais l'angle K est droit, donc K A B est nécessairement aigu, et partant moindre que D A B. Que si l'on cherche de [la] même manière le progrès de la partie d'onde K L, on la trouvera dans un autre temps parvenue en M N, en sorte que les perpendiculaires K M, L N baissent encore plus que A K, B L. Et ceci fait assez voir que le rayon se continue suivant la ligne courbe qui coupe toutes les ondes à angles droits, comme il a été dit.

CHAPITRE V

DE L'ÉTRANGE RÉFRACTION DU CRISTAL D'ISLANDE

1. L'on apporte d'Islande, qui est une île de la Mer Septentrionale, à la hauteur de 66° degrés, une espèce de cristal, ou pierre transparente, fort remarquable par sa figure, et autres qualités, mais surtout par celles de ses étranges réfractions. Dont les causes m'ont semblé d'autant plus dignes d'être curieusement recherchées, que parmi les corps diaphanes celui-ci seul, à l'égard des rayons de la lumière, ne suit pas les règles ordinaires. J'ai même eu quelque nécessité de faire cette recherche, parce que les réfractions de ce cristal semblaient renverser notre explication précédente de la réfraction régulière, laquelle, au contraire, l'on verra qu'elles confirment beaucoup, après être réduites au même principe. C'est dans l'Islande qu'on trouve de gros morceaux de ce cristal, dont j'en ai vu de 4 ou 5 livres. Mais il en croît aussi en d'autres pays, car j'en ai eu de la même espèce qu'on avait trouvé en France près de la ville de Troyes en Champagne, et d'autre qui venait de l'île de Corse, quoique l'un et l'autre moins clair, et seulement en petits

morceaux, à peine capables de faire remarquer quelque effet de la réfraction.

2. La première connaissance, qu'en a eu le public, est due à M. Erasme Bartholin, qui a donné la description du cristal d'Islande avec celle de ses principaux phénomènes. Mais je ne laisserai pas de donner ici la mienne, tant pour l'instruction de ceux qui n'auront pas vu son livre, que parce que dans quelques-uns de ces phénomènes il y a un peu de différence entre ses observations et celles que j'ai faites, m'étant appliqué avec beaucoup d'exactitude à examiner ces propriétés de la réfraction, afin d'en être bien sûr devant que d'entreprendre d'en éclaircir les causes.

3. Si l'on regarde à la dureté de cette pierre, et à la qualité qu'elle a de pouvoir être facilement fendue, il faut plutôt l'estimer être une espèce de talc que non pas du cristal. Car une pointe de fer l'entame aussi facilement que d'autre talc, ou que de l'albâtre, dont il égale la pesanteur.

4. Les morceaux qu'on en trouve sont de la figure d'un parallélépipède oblique, chacune des six faces étant un parallélogramme; et il souffre d'être fendu selon toutes les trois dimensions, parallèlement à deux de ses faces opposées. Même tellement, si l'on veut, que toutes les six faces soient des rhombes égaux et semblables. La figure ici ajoutée (Fig. 10) représente un morceau de ce cristal. Les angles obtus de tous les parallélogrammes, comme ici les angles C, D, sont de 101 degrés 52 minutes, et par conséquent les aigus, comme A et B, de 78 degrés 8 minutes.

5. Des angles solides il y en a deux opposés, comme C, E, qui sont chacun composés de trois angles plans obtus et égaux. Les autres six sont composés de deux angles aigus, et d'un obtus. Tout ce que je viens de dire a été remarqué de même par M. Bartholin, dans le Traité susdit, si ce n'est que nous différons quelque peu dans la quantité des angles. Il rapporte encore quelques autres propriétés

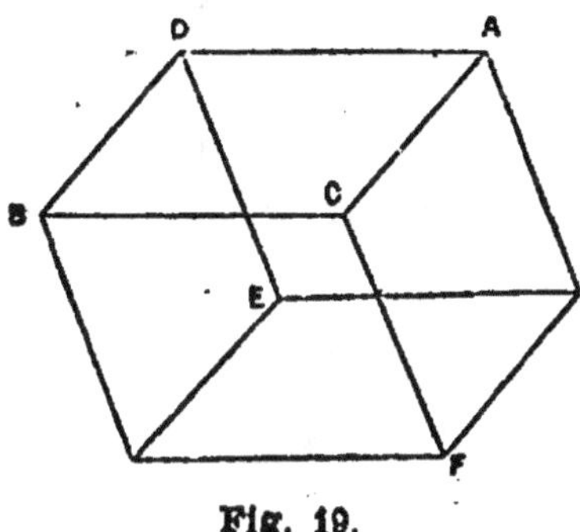

Fig. 19.

de ce cristal, savoir qu'étant frotté contre du drap, il attire des brins de paille et autres choses légères, ainsi que font l'ambre, le diamant, le verre et la cire d'Espagne; qu'un morceau étant couvert d'eau pendant un jour ou davantage, sa surface perd son poli naturel, et que quand on y verse de l'eau forte dessus, elle fait ébullition; surtout, à ce que j'ai trouvé, si l'on met le cristal en poudre. J'ai aussi expérimenté qu'on le peut rougir au feu, sans qu'il en soit aucunement altéré, ni rendu moins diaphane, mais qu'un feu fort violent pourtant le calcine. Sa transparence n'est guère moindre que celle de l'eau ou du cristal de roche, et sans aucune couleur. Mais les rayons de lumière y passent d'une autre façon, et produisent ces merveilleuses réfractions, dont je vais tâcher maintenant d'expliquer les causes, remettant à la fin de ce Traité de dire mes conjectures touchant la formation et la figure extraordinaire de ce cristal.

6. Dans tous les autres corps transparents que nous connaissons, il n'y a qu'une seule et simple réfraction, mais dans celui-ci il y en a deux différentes. Ce qui fait que les objets que l'on voit à travers, surtout ceux qui sont appliqués tout contre, paraissent doubles, et qu'un rayon de soleil, tombant sur une des surfaces, se partage en deux, et traverse ainsi le cristal.

7. C'est encore une loi générale dans tous les autres corps transparents, que le rayon, qui tombe perpendiculairement sur leur surface, passe tout droit sans souffrir de réfraction, et que le rayon oblique se rompt toujours. Mais dans ce cristal le rayon perpendiculaire souffre réfraction, et il y a des rayons obliques qui le passent tout droit.

8. Mais pour expliquer plus particulièrement ces phénomènes, soit derechef un morceau du même cristal A B F E (Fig. 20), et soit divisé l'angle obtus A C B, l'un des trois qui font l'angle solide équilatéral C, en deux parties égales par la droite C G, et que l'on conçoive que le cristal soit coupé par un plan qui passe par cette ligne et par le côté C F, lequel plan sera nécessairement perpendiculaire à la surface A B, et sa section dans le cristal fera un parallélogramme G C F H. Nous appellerons cette section la section principale du cristal.

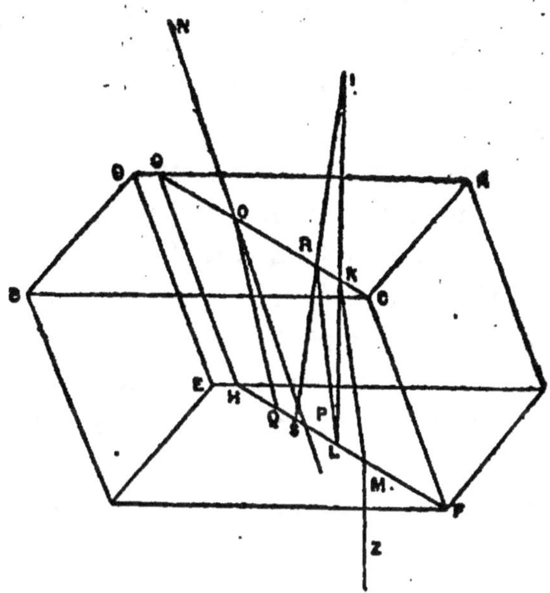

Fig. 20.

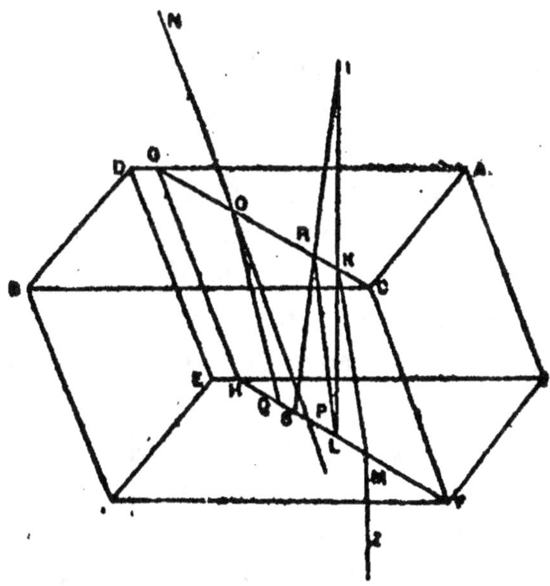

Fig. 21.

9. Or si l'on couvre la surface A B (Fig. 21), en y laissant seulement une petite ouverture au point K, pris dans la droite C G, et qu'on l'expose au soleil, en sorte que ses rayons donnent dessus perpendiculairement, le rayon I K se divisera au point K en deux, dont l'un continuera d'aller droit par K L, et l'autre s'écartera par la droite K M qui est dans le plan C G H F, et qui fait avec K L un angle d'environ 6 degrés 40 minutes, tendant du côté de l'angle solide C; et en sortant de l'autre côté du cristal, il se remettra en M Z parallèle à I K. Et comme par cette réfraction extraordinaire le point M est vu par le rayon rompu M K I, que je suppose aller à l'œil I, il faut que le point L, par cette même réfraction, soit vu par le rayon rompu L R I, en sorte que L R soit comme parallèle à M K, si la distance de l'œil K I est supposée fort grande. Le point L paraît donc comme étant dans la droite I R S, mais le même point par la réfraction ordinaire paraît aussi dans la droite I K; donc il est nécessairement jugé double. Et de même si L est un petit trou, dans une feuille de papier ou d'autre matière qu'on aura appliquée contre le cristal, il paraîtra, en le tournant contre le jour, comme s'il y avait deux trous, qui seront d'autant plus distants l'un de l'autre que le cristal aura plus d'épaisseur.

10. Derechef, si l'on tourne le cristal en sorte qu'un rayon incident du soleil, N O, que je suppose être dans le plan continué de G C F H, fasse sur C G un angle de 73 degrés et 20 minutes et qu'il soit par conséquent presque parallèle au côté C F, qui fait

sur F H un angle de 70 degrés 57 minutes, suivant le calcul que je mettrai à la fin, il se partagera en deux rayons au point O, desquels l'un continuera par O P en ligne droite avec N O, et sortira de même de l'autre côté du cristal sans se rompre aucunement, mais l'autre se rompra et ira par O Q. Et il faut noter qu'il est particulier au plan par G O F, et à ceux qui lui sont parallèles, que tous les rayons incidents qui sont dans un de ces plans, continuent d'y être après qu'ils sont entrés dans le cristal et devenus doubles; car il en est autrement dans les rayons de tous les autres plans qui coupent le cristal, comme nous ferons voir après.

11. J'ai reconnu d'abord par ces expériences et par quelques autres, que des deux réfractions différentes que le rayon souffre dans ce cristal, il y en a une qui suit les règles ordinaires, et que c'est à elle qu'appartiennent les rayons K L et O Q. C'est pourquoi j'ai distingué cette réfraction ordinaire d'avec l'autre, et l'ayant mesurée par des observations exactes, j'ai trouvé que sa proportion, considérée dans les sinus des angles que fait le rayon incident et rompu avec la perpendiculaire, était assez précisément celle de 5 à 3, comme elle a aussi été trouvée par M. Bartholin; et par conséquent bien plus grande que celle du cristal de roche, ou du verre, qui est à peu près de 3 à 2.

12. La manière de faire exactement ces observations est telle. Il faut tracer sur un papier, attaché sur une table bien unie, une ligne noire A B (Fig. 22), et deux autres qui la coupent à

angles droits C E D, K M L, plus ou moins distante l'une de l'autre selon qu'on veut examiner un rayon plus ou moins oblique, et poser le cristal sur l'intersection E, en sorte que la ligne A B convienne à celle qui divise également l'angle obtus de la surface d'en bas, ou à quelque ligne parallèle. Alors en plaçant l'œil directement au-dessus de la ligne

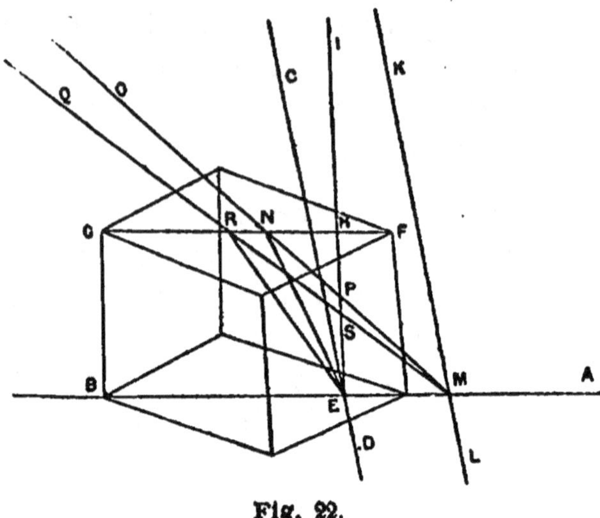

Fig. 22.

A B, elle ne paraîtra que simple, et l'on verra que sa partie vue à travers le cristal, avec les parties qui paraissent au dehors, se rencontreront en ligne droite; mais la ligne C D paraîtra double, et l'on distinguera l'image qui vient de la réfraction régulière, de ce qu'elle paraît plus élevée que l'autre lorsqu'on regarde avec les deux yeux, ou bien de ce qu'en tournant le cristal sur le papier, elle demeure ferme, au lieu que l'autre image remue et tourne tout autour.

L'on placera ensuite l'œil en I (demeurant toujours dans le plan perpendiculaire par A B), en sorte qu'il voie l'image de la ligne C D, qui vient de la réfraction régulière, faire une ligne droite avec le reste de cette ligne, qui est dehors le cristal. Et marquant alors sur la surface du cristal le point H, où paraît l'intersection E, ce point sera directement au-dessus de E. Puis on retirera l'œil vers O, toujours dans le plan perpendiculaire par A B, en sorte que l'image de la ligne C D, qui se fait par la réfraction ordinaire, paraisse en ligne droite avec la ligne K L vue sans réfraction; et l'on marquera sur le cristal le point N, où paraît le point d'intersection E.

13. L'on connaîtra donc la longueur et la position des lignes N H, E M et H E, qui est l'épaisseur du cristal; lesquelles lignes étant tracées à part sur un plan, et joignant alors N E et N M qui coupe H E en P, la proportion de la réfraction sera celle de E N à N P, parce que ces lignes sont entre elles comme les sinus des angles N P H, N E P, qui sont égaux à ceux que le rayon incident O N et sa réfraction N E font avec la perpendiculaire à la surface. Cette proportion, comme j'ai dit, est assez précisément comme de 5 à 3, et toujours la même dans toutes les inclinaisons du rayon incident.

14. La même manière d'observer m'a aussi servi à examiner la réfraction extraordinaire ou irrégulière de ce cristal. Car le point H étant trouvé, et marqué, comme il a été dit, directement au-dessus du point E, j'ai regardé l'apparence de la ligne

O D, qui se fait par la réfraction extraordinaire;
et ayant placé l'œil en Q (Fig. 23) en sorte, que
cette apparence fît une ligne droite avec la ligne
K L vue sans réfraction, j'ai connu les triangles

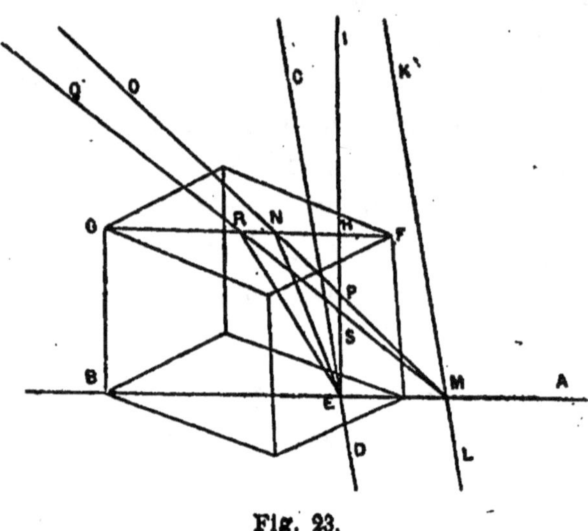

Fig. 23.

R E H, R E S, et partant les angles R S H, R E S,
que le rayon incident et le rompu font avec la perpendiculaire.

15. Mais j'ai trouvé dans cette réfraction, que la
raison de E R à R S n'était pas constante, comme
dans la réfraction ordinaire, mais qu'elle variait
suivant la différente inclinaison du rayon incident.

16. Je trouvai aussi, que quand Q R E faisait une
ligne droite, c'est-à-dire que le rayon incident
entrait dans le cristal sans se rompre (ce que je
reconnus de ce que alors le point E, vu par la
réfraction extraordinaire, paraissait dans la ligne

C D vue sans réfraction), je trouvai, dis-je, alors que l'angle Q R G était de 73 degrés 20 minutes, comme il a été déjà remarqué, et qu'ainsi ce n'est pas le rayon parallèle au côté du cristal, qui le traverse en droite ligne sans se rompre, comme a cru M. Bartholin, puisque son inclinaison n'est que de 70 degrés 57 minutes, comme il a été dit ci-

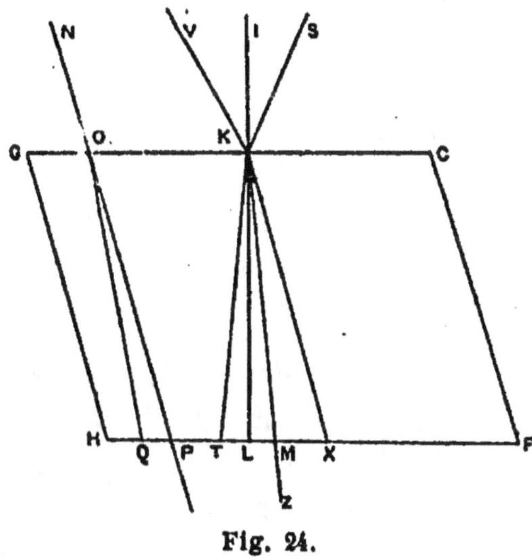

Fig. 24.

dessus, ce qui est à noter, afin qu'on ne cherche pas en vain la cause de la propriété singulière de ce rayon, dans son parallélisme aux dits côtés.

17. Enfin, continuant mes observations pour découvrir la nature de cette réfraction, j'appris qu'elle gardait cette règle remarquable qui s'ensuit. Soit tracé à part le parallélogramme G C F H (Fig. 24), fait par la section principale du cristal ci-devant déterminée. Je trouvai donc que toujours, quand les inclinaisons de deux rayons qui viennent

de côtés opposés, comme ici V K, S K, sont égales, leurs réfractions K X et K T rencontrent la droite du fond H F en sorte, que les points X et T sont également distants du point M, où tombe la réfraction du rayon perpendiculaire I K, ce qui a aussi lieu dans les réfractions des autres sections de ce cristal. Mais devant que de parler de celles-là, qui ont encore d'autres propriétés particulières, nous rechercherons les causes des phénomènes que j'ai déjà rapportés.

Ce fut après avoir expliqué la réfraction des corps transparents ordinaires, par le moyen des émanations sphériques de la lumière, ainsi que dessus, que je repris l'examen de la nature de ce cristal, où je n'avais rien pu découvrir auparavant.

18. Comme il y avait deux réfractions différentes, je conçus qu'il y avait aussi deux différentes émanations d'ondes de lumière, et que l'une se pouvait faire dans la matière éthérée répandue dans le corps du cristal. Laquelle matière étant en beaucoup plus grande quantité que n'est celle des particules qui le composent, était seule capable de causer la transparence, suivant ce qui a été expliqué ci-devant. J'attribuai à cette émanation d'ondes la réfraction régulière qu'on observe dans cette pierre, en supposant ces ondes de forme sphérique à l'ordinaire, et d'une extension plus lente au dedans du cristal qu'elles ne sont au dehors; d'où j'ai fait voir que procède la réfraction.

19. Quant à l'autre émanation qui devait produire la réfraction irrégulière, je voulus essayer

ce que feraient des ondes elliptiques, ou pour mieux dire sphéroïdes ; lesquelles je supposai qu'elles s'étendaient indifféremment, tant dans la matière éthérée répandue dans le cristal, que dans les particules dont il est composé, suivant la dernière manière dont j'ai expliqué la transparence. Il me semblait que la disposition, ou arrangement régulier de ces particules, pouvait contribuer à former les ondes sphéroïdes (n'étant requis pour cela sinon que le mouvement successif de la lumière s'étendît un peu plus vite en un sens qu'en l'autre), et je ne doutai presque point qu'il n'y eût dans ce cristal un tel arrangement de particules égales et semblables, à cause de sa figure et de ses angles d'une mesure certaine et invariable. Touchant lesquelles particules, et leur forme et disposition, je proposerai sur la fin de ce Traité mes conjectures, et quelques expériences qui les confirment.

20. La double émanation d'ondes de lumière, que je m'étais imaginée, me devint plus probable après certain phénomène que j'observai dans le cristal ordinaire qui croît en forme hexagone, et qui, à cause de cette régularité, semble aussi être composé de particules de certaine figure et rangées avec ordre. C'était que ce cristal a une double réfraction, aussi bien que celui d'Islande, quoique moins évidente. Car en ayant fait tailler des prismes bien polis, par des sections différentes, je remarquai dans tous, en regardant la flamme de la chandelle à travers, ou le plomb des vitres qui sont aux fenêtres, que tout paraissait double, quoique avec des images peu distantes entre elles. D'où je compris la raison

pourquoi ce corps si transparent est inutile aux lunettes d'approche, quand elles ont tant soit peu de longueur.

21. Or cette double réfraction, suivant ma théorie ci-dessus établie, semblait demander une double émanation d'ondes de lumière, toutes deux sphériques (car les deux réfractions sont régulières) et les unes seulement un peu plus lentes que les autres. Car par là ce phénomène s'explique fort naturellement, en supposant les matières qui servent de véhicules à ces ondes, de même que j'ai fait dans le cristal d'Islande. J'eus donc moins de peine après cela à admettre deux émanations d'ondes dans un même corps. Et pour ce que l'on pouvait m'objecter qu'en composant ces deux cristaux de particules égales de certaine figure, et entassées régulièrement, à peine les interstices que ces particules laissent et qui contiennent de la matière éthérée suffiraient pour transmettre les ondes de lumière que j'y ai placées, j'ôtai cette difficulté en considérant ces particules comme étant d'un tissu fort rare, ou bien composées d'autres particules beaucoup plus petites, entre lesquelles la matière éthérée passe fort librement. Ce qui d'ailleurs s'ensuit nécessairement de ce qui a été démontré ci-devant, touchant le peu de matière dont les corps sont assemblés.

22. Supposant donc ces ondes sphéroïdes outre les sphériques, je commençai à examiner si elles pouvaient servir à expliquer les phénomènes de la réfraction irrégulière, et comment par ces phénomènes mêmes je pourrais déterminer la figure et la

position des sphéroïdes : en quoi, j'obtins à la fin
le succès désiré, en procédant comme s'ensuit.

23. Je considérai premièrement l'effet des ondes
ainsi formées, à l'égard du rayon qui tombe perpendiculairement sur la surface plate d'un corps
transparent, dans lequel elles s'étendraient de cette
manière. Je posai A B (Fig. 25) pour l'endroit découvert de la surface. Et puisqu'un rayon perpendiculaire sur un plan, et venant d'une lumière fort

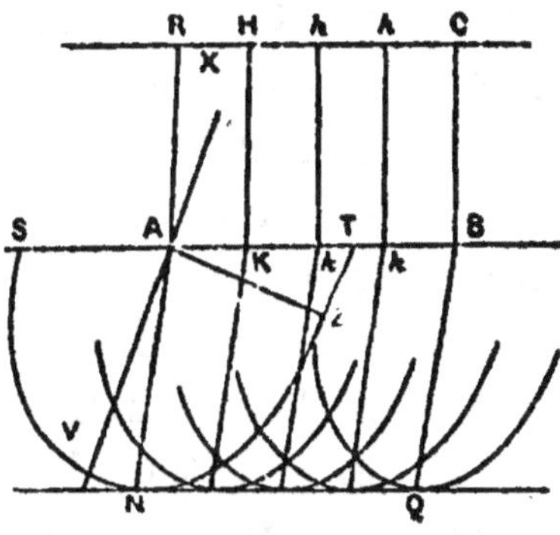

Fig. 25.

distante, n'est autre chose, par la théorie précédente,
que l'incidence d'une parcelle d'onde parallèle à
plan, je supposai la droite R O, parallèle et égale à
A B, être une portion d'onde de lumière, dont les
points infinis R H h O viennent rencontrer la surface A B aux points A K k B. Donc au lieu des ondes
particulières hémisphériques, qui dans un corps de
réfraction ordinaire se devaient étendre de chacun
de ces derniers points, ainsi que nous avons expliqué
ci-dessus en traitant de la réfraction, ce devaient
être ici des hémisphéroïdes, desquels je supposai que
les axes ou bien les grands diamètres étaient

obliques au plan A B, ainsi que l'est A V, demi-axe ou demi-grand diamètre du sphéroïde S V T, qui représente l'onde particulière venant du point A, après que l'onde R C est venue en A B. Je dis ou axe ou grand diamètre, parce que la même ellipse S V T peut être considérée comme section d'un sphéroïde dont l'axe est A Z, perpendiculaire à A V. Mais pour le présent, sans déterminer encore l'un ou l'autre, nous considérerons ces sphéroïdes seulement dans leurs sections qui font les ellipses dans le plan de cette figure. Or prenant un certain espace de temps pendant lequel du point A s'est étendue l'onde S V T, il fallait que tous les autres points K k B il se fît, dans le même temps, des ondes pareilles et semblablement posées que S V T. Et la commune tangente N Q de toutes ces demi-ellipses, était la propagation de l'onde R C dans le corps transparent proposé par la théorie de ci-dessus. Parce que cette ligne est celle qui termine, dans un même instant, le mouvement qui a été causé par l'onde R C en tombant sur A B, et où ce mouvement se trouve en beaucoup plus grande quantité que partout ailleurs, comme étant faite des arcs infinis d'ellipses, dont les centres sont le long de la ligne A B.

24. Or il paraissait que cette tangente commune N Q était parallèle à A B, et de même longueur, mais qu'elle ne lui était pas opposée directement, puisqu'elle était comprise des lignes A N, B Q, qui sont des diamètres conjugués des ellipses qui ont A et B pour centres, à l'égard des diamètres qui sont dans la droite A B. Et c'est ainsi que j'ai compris, ce qui m'avait paru fort difficile, comment un rayon

perpendiculaire à une surface pouvait souffrir réfraction en entrant dans le corps transparent, voyant que l'onde R C, étant venue à l'ouverture A B, continuait de là en avant à s'étendre entre les parallèles A N, B Q, demeurant pourtant elle-même toujours parallèle à A B, de sorte qu'ici la lumière ne s'étend pas par des lignes perpendiculaires à ses ondes, comme dans la réfraction ordinaire, mais ces lignes coupent les ondes obliquement.

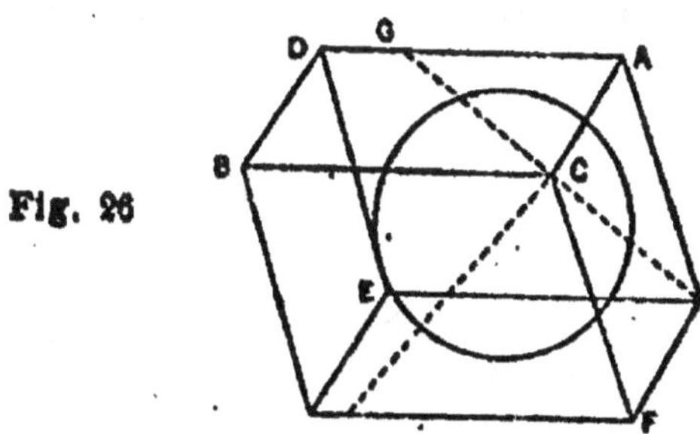

Fig. 26

25. Cherchant ensuite quelle pouvait être la situation, et forme de ces sphéroïdes dans le cristal, je considérai que toutes les six faces produisaient précisément les mêmes réfractions. Reprenant donc le parallélépipède A F B (Fig. 26), dont l'angle solide obtus, compris de trois angles plans égaux, est C, et y concevant les trois sections principales, dont l'une est perpendiculaire à la face D C, et passe par le côté C F, l'autre perpendiculaire à la face B F passant par le côté C A, et la troisième perpendiculaire à la face A F passant par le côté B C, je savais que les réfractions des rayons incidents, appartenant à ces trois plans, étaient toutes pareilles. Mais il ne pou-

vait y avoir de position de sphéroïde qui eut un même rapport à ces trois sections, sinon de celui dont l'axe fût aussi l'axe de l'angle solide O. Partant je vis que l'axe de cet angle, c'est-à-dire la droite qui du point O traversait le cristal avec inclinaison égale aux côtés O F, O A, O B, était la ligne qui déterminait la position des axes de toutes les ondes sphéroïdes qu'on s'imaginait naître de quelque point, pris au dedans ou à la surface du cristal, puisque tous ces sphéroïdes devaient être semblables, et avoir leurs axes parallèles entre eux.

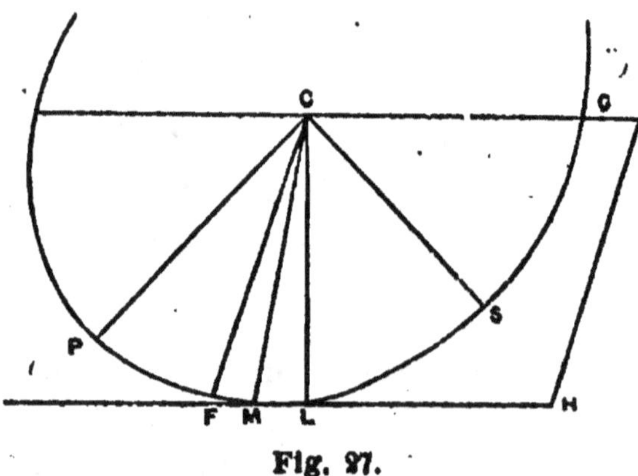

Fig. 27.

26. Considérant après cela le plan de l'une de ces trois sections, savoir de celle par G O F, dont l'angle O est de 109 degrés 3 minutes, puisque l'angle F était ci-dessus de 70 degrés 57 minutes, et imaginant une onde sphéroïde autour du centre O, je savais, par ce que je viens d'expliquer, que son axe devait être dans ce même plan, duquel axe je marquai la moitié par O S dans cette autre figure (Fig. 27), et cherchant par le calcul (qui sera rap-

porté avec les autres à la fin de ce discours) l'angle
G O S, je le trouvai de 45 degrés 20 minutes.

27. Pour connaître après cela la forme de ce
sphéroïde, c'est-à-dire la proportion des demi-
diamètres O S, O P, de sa section elliptique, qui
sont l'un à l'autre perpendiculaires, je considérai
que le point M, où l'ellipse est touchée par la droite
F H, parallèle à O G, devait être tellement située,
que O M avec la perpendiculaire O L fît un angle
de 6 degrés 40 minutes. Parce que, cela étant, cette
ellipse satisfaisait à ce qui a été dit de la réfraction
du rayon perpendiculaire à la surface O G, lequel
s'écarte de la perpendiculaire O L par ce même
angle. Ce qui étant donc ainsi posé, et faisant O M
de 100.000 parties, je trouvai par le calcul, qui sera
mis à la fin, le demi-grand diamètre O P de 105.032,
et le demi-axe O S de 93.410, dont la raison est fort
près comme de 9 à 8, de sorte que le sphéroïde était
de ceux qui ressemblent à une sphère comprimée,
étant produit par la circulation d'une ellipse à
l'entour de son petit diamètre. Je trouvai aussi O G,
demi-diamètre parallèle à la tangente M L, de
98.779.

28. Or passant à la recherche des réfractions que
les rayons incidents obliques devaient faire, suivant
l'hypothèse de ces ondes sphéroïdes, je vis que ces
réfractions dépendaient de la proportion de la
vitesse qui est entre le mouvement de la lumière
hors du cristal dans l'éther, et le mouvement au
dedans du même. Car supposant par exemple que
cette proportion fût telle que, pendant que la

lumière dans le cristal fait le sphéroïde G S P, tel
que je viens de dire, elle fasse au dehors une sphère
dont le demi-diamètre soit égal à la ligne N,
laquelle sera déterminée ci-après, voici la manière
de trouver la réfraction des rayons incidents. Soit
un tel rayon R C, qui tombe sur la surface C K
(Fig. 28). Il faut faire C O perpendiculaire à R C,
et dans l'angle K C O ajuster O K, qui soit égal à N,
et perpendiculaire à C O; puis mener K I qui touche
l'ellipse G S P, et du point de contact I joindre I C,

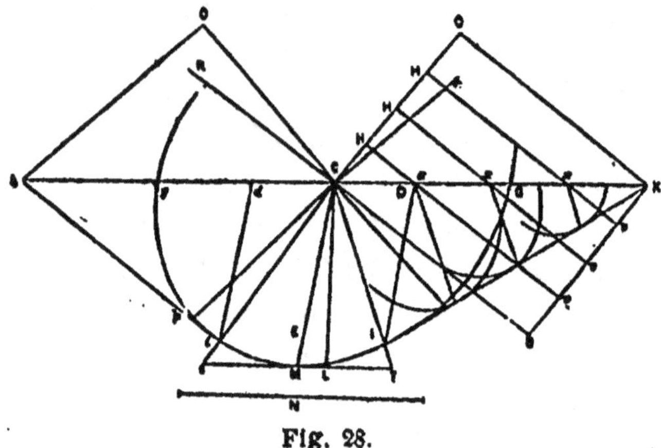

Fig. 28.

qui sera la réfraction requise du rayon R C. Dont
on verra que la démonstration est tout à fait semblable à celle dont nous nous sommes servis en
expliquant la réfraction ordinaire. Car la réfraction du rayon R C n'est autre chose que le progrès
de l'endroit C de l'onde C O, continuée dans le
cristal. Or les endroits H de cette onde, pendant le
temps que O est venu en K, seront arrivés à la surface C K par les droites H x, et auront de plus
produit, dans le cristal, des ondes particulières

hémisphéroïdes des centres x, semblables et semblablement posées avec l'hémisphéroïde G S P g, et dont les grands et les petits diamètres auront même raison aux lignes $x v$ (continuation des H x jusqu'à K B, parallèle à C O) que les diamètres du sphéroïde G S P ont à la ligne C B, ou N. Et il est bien aisé de voir que la commune tangente de tous ces sphéroïdes, qui sont ici représentés par des ellipses, sera la droite I K, qui pour cela sera la propagation de l'onde C O, et le point I celle du point C, conformément à ce qui a été démontré dans la réfraction ordinaire

Pour ce qui est de l'invention du point de contact I, l'on sait qu'il faut trouver aux lignes C K, C G, la troisième proportionnelle C D, et tirer D I parallèle à C M, déterminée ci-devant, qui est le diamètre conjugué à C G, car alors, en menant K I, elle touche l'ellipse en I.

29. Or de même que nous avons trouvé C I la réfraction du rayon R C, l'on trouvera aussi C i celle du rayon r C, qui vient du côté opposé, en faisant C o perpendiculaire à r C, et poursuivant le reste de la construction ainsi qu'auparavant.

Où l'on voit que si le rayon r C est également incliné avec R C, la ligne C d sera nécessairement égale à C D, parce que C k est égale à C K, et C g à C G. Et que par conséquent I i sera coupée en E en parties égales par la ligne C M, à laquelle D I, d i sont parallèles. Et parce que C M est le diamètre conjugué à C G, il s'ensuit que i I sera parallèle à g G. Partant si on prolonge les réfractions C I, C i, jusqu'à ce qu'elles rencontrent la tangente M L en T et *t*, les distances M T, M *t*, seront aussi égales. Et ainsi s'explique parfaitement, par notre hypothèse, le phénomène ci-dessus rapporté, savoir que quand il y a deux rayons également inclinés, mais venant de côtés opposés, comme ici les rayons R O, *r* O, leurs réfractions s'écartent également de la ligne que suit la réfraction du rayon perpendiculaire, en considérant ces écarts dans la parallèle à la surface du cristal.

30. Pour trouver la longueur de la ligne N, à proportion des O P, O S, O G, c'est par les observations de la réfraction irrégulière qui se fait dans cette section du cristal, qu'elle se doit déterminer, et je trouve par là que la raison de N à G O est tant soit peu moindre que de 8 à 5. Et ayant encore égard à d'autres observations et phénomènes, dont il sera parlé après, je mets N de 156.962 parties, desquelles le demi-diamètre O G est trouvé en contenir 98.779, ce qui fait cette raison de 8 à 5 1/29. Or cette proportion, qui est entre la ligne N et O G, se peut appeler la proportion de la réfraction, de même que dans le verre celle de 3 à 2, comme il sera manifeste après que j'aurai expliqué ici un abrégé de la manière précédente pour trouver les réfractions irrégulières.

31. Supposé donc, dans cette autre figure (Fig. 29), comme auparavant, la surface du cristal *g* G, l'ellipse G P *g*, et la ligne N; et O M la réfraction du rayon perpendiculaire F C, duquel elle s'écarte de 6 degrés 40 minutes, soit maintenant quelqu'autre rayon R O, dont il faille trouver la réfraction.

Du centre C, avec le demi-diamètre C G, soit décrite la circonférence g R G, coupant le rayon R C en R, et soit R V perpendiculaire sur C G. Puis toujours, comme la ligne N à C G, ainsi soit C V à C D, et soit menée D I parallèle à C M, coupant l'ellipse g M G en I; alors joignant C I, ce sera la réfraction requise du rayon R C. Ce qui se démontre ainsi.

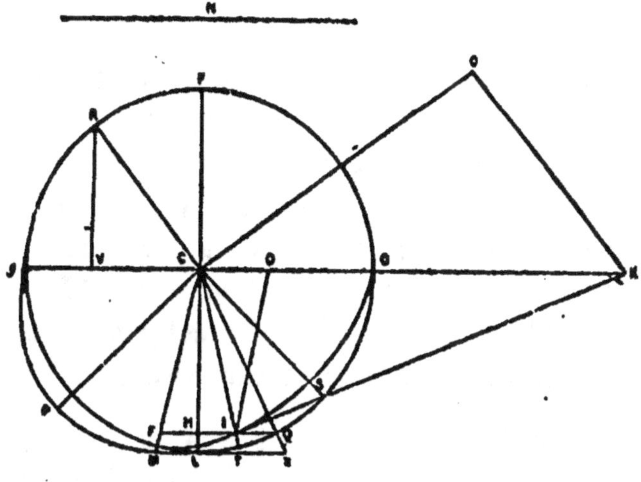

Fig. 29.

Soit C O perpendiculaire à C R, et dans l'angle O C G soit ajustée O K égale à N et perpendiculaire à C O, et menée la droite K I, laquelle si elle est démontrée touchante de l'ellipse en I, il sera évident, par les choses ci-devant expliquées, que C I est la réfraction du rayon R C. Or puisque l'angle R C O est droit, il est aisé de voir que les triangles rectangles R C V, K C O sont semblables. Comme donc C K à K O, ainsi R C à C V. Mais K O est égale à N et R O à C G : donc comme C K à N, ainsi sera C G à C V. Mais comme N à C G, ainsi est, par la construction, C V à C D : donc comme C K à C G, ainsi C G à C D. Et parce que D I est parallèle à C M, diamètre conjugué de C G, il s'ensuit que K I touche l'ellipse en I, ce qui restait à démontrer.

32. L'on voit donc que comme il y a, dans la réfraction des diaphanes ordinaires, une certaine proportion constante entre les sinus des angles que font le rayon incident, et rompu, avec la perpendiculaire, il y a ici une telle proportion entre C V et C D, ou I E, c'est-à-dire, entre le sinus de l'angle que fait le rayon incident avec la perpendiculaire, et l'appliquée dans l'ellipse, interceptée entre la réfraction de ce rayon, et le diamètre C M. Car la raison de C V à C D, comme il a été dit, est toujours la même que de N au demi-diamètre C G.

33. J'ajouterai ici, devant que de passer outre, qu'en comparant ensemble la réfraction régulière et irrégulière de ce cristal, il y a cela de remarquable que, si A B P S (Fig. 30) est le sphéroïde par lequel s'étend la lumière dans le cristal dans un certain espace de temps, laquelle extension, comme il a été dit, sert à la réfraction irrégulière, alors la sphère inscrite B V S T est l'étendue, dans ce même espace de temps, de la lumière qui sert à la réfraction régulière.

Car nous avons dit ci-devant que, la ligne N étant le rayon d'une onde sphérique de lumière dans l'air, pendant que dans le cristal elle s'étendait par le sphéroïde A B P S, la raison de N à C S était de 156.962 à 93.410. Mais il a aussi été dit que la proportion de la réfraction régulière était de 5 à 3, c'est-à-dire que, N étant le rayon d'une onde sphérique de lumière dans l'air, son extension dans le cristal faisait, en même espace de temps, une sphère dont le rayon était à N comme 3 à 5. Or

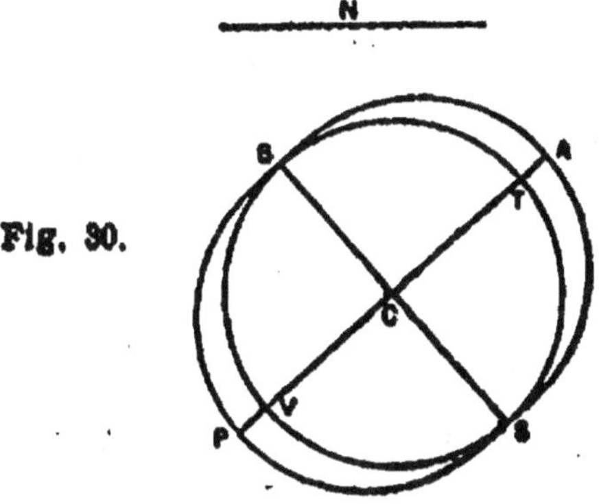

Fig. 30.

156.962 est à 93.410 comme 5 à 3 moins 1/41. De sorte que c'est assez près, et peut-être exactement, la sphère B V S T que fait la lumière pour la réfraction régulière dans le cristal, pendant qu'elle y fait le sphéroïde B P S A pour la réfraction irrégulière, et pendant qu'elle fait la sphère au rayon N en l'air, hors du cristal.

Quoiqu'il y ait donc, selon ce que nous avons posé, deux différentes extensions de la lumière dans ce cristal, il paraît que c'est seulement dans le sens des perpendiculaires à l'axe B S du sphéroïde, que l'une des extensions est plus vite que l'autre, mais qu'elles sont d'égale vitesse en l'autre sens, savoir en celui des parallèles au même axe B S, qui est aussi l'axe de l'angle obtus du cristal.

34. Je montrerai maintenant que, la proportion de la réfraction étant telle que l'on vient de voir, il faut qu'il s'ensuive de là cette propriété notable du rayon qui, tombant obliquement sur la surface du cristal, le passe sans souffrir de réfraction. Car supposant les mêmes choses que devant, et que le rayon R C (Fig. 31) fasse sur la surface g G l'angle

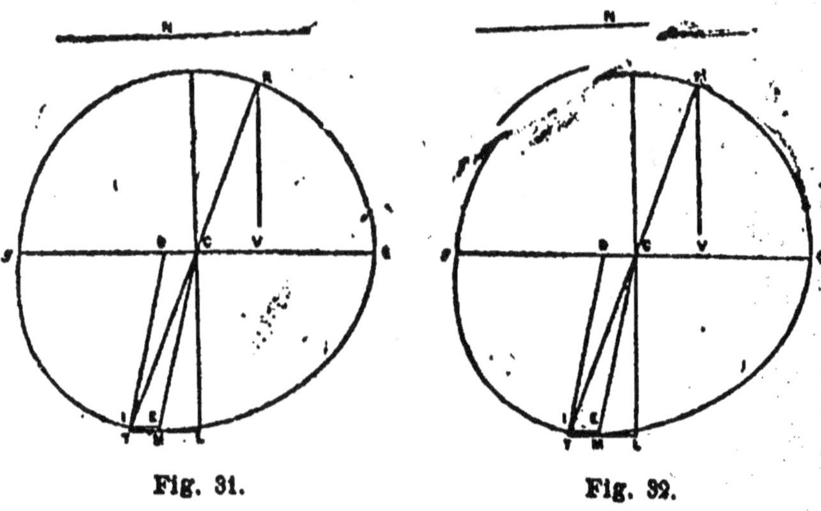

Fig. 31.   Fig. 32.

R C G de 73 degrés 20 minutes penchant du même côté que le cristal, duquel rayon il a été parlé dessus, si l'on cherche, par la manière ci-devant expliquée, sa réfraction C I, l'on trouvera qu'elle fait justement une droite avec R C, et qu'ainsi ce rayon ne se détourne point du tout, conformément à l'expérience. Ce qui se prouve ainsi par le calcul.

C G ou C R étant, comme dessus, 98.779, C M 100.000 et l'angle R C V de 73 degrés 20 minutes, C V sera 28.330. Mais parce que C I est la réfraction du rayon R C, la proportion de C V à C D est celle de 156.962 à 98.779, savoir de N à C G : donc C D est 17.828. Or comme le carré de C G au carré de C M, ainsi le rectangle *g* D G au carré D I : donc D I ou C E sera 98.353. Mais comme C E à E I, ainsi C M à M T, qui sera donc 18.127. Et étant ajoutée à M L, qui est 11.609 (savoir le sinus de l'angle L C M de 6 degrés 40 minutes, en supposant C M 100.000 pour rayon) vient L T 27.936, qui est à L C 99.324, comme C V à V R, c'est-à-dire comme 29.938, tangente du complément de l'angle R C V de 73 degrés 20 minutes au rayon des Tables. D'où il paraît que R O I T (Fig. 32) est une ligne droite : ce qu'il fallait prouver.

35. L'on verra de plus que le rayon C I, en sortant par la surface opposée du cristal, doit encore passer tout droit, par la démonstration suivante, qui prouve que la réciprocation des réfractions s'observe dans ce cristal de même que dans les autres corps diaphanes, c'est-à-dire que si un rayon R C, en rencontrant la surface du cristal C G, se rompt en C I, le rayon C I, sortant par la surface opposée et parallèle du cristal, que je suppose être I B, aura sa réfraction I A parallèle au rayon R C.

Soient posées les mêmes choses qu'auparavant, c'est-à-dire que C O, perpendiculaire à C R (Fig. 33), représente une portion d'onde, dont la continuation dans le cristal soit I K, de sorte que l'endroit C se sera continué par la droite C I, pendant que O est venu en K. Que si l'on prend maintenant un second temps égal au premier, l'endroit K de l'onde I K, dans ce second temps, sera avancé par la droite K B, et parallèle à C I, parce que tout endroit de

l'onde C O, en arrivant à la surface C K, doit
continuer dans le cristal de même que l'endroit C;
et dans ce même temps il se fera du point I, dans

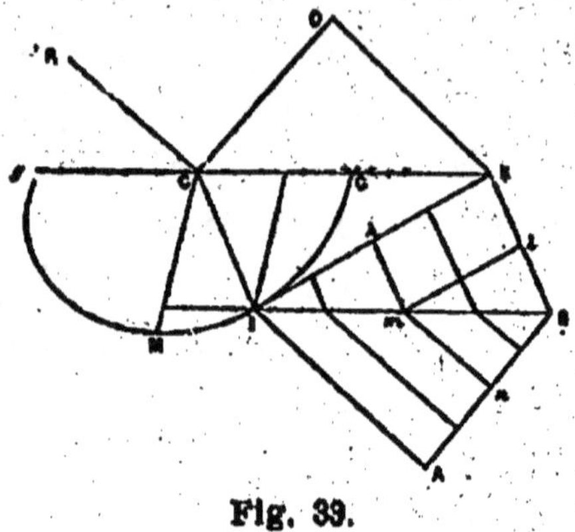

Fig. 39.

l'air, une onde sphérique particulière ayant le demi-
diamètre I A égal à K O, puisque K O a été parcourue
dans un temps égal. De même si l'on considère

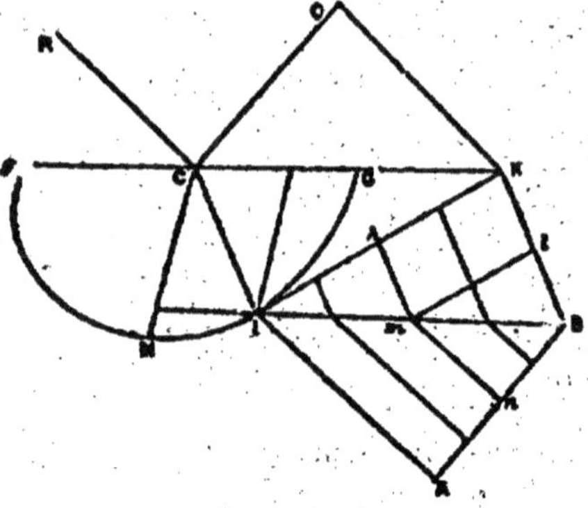

Fig. 34.

quelqu'autre point de l'onde I K, comme *h* (Fig. 34),
il ira par *h m*, parallèle à C I, rencontrer la surface
I B, pendant que le point K parcourt K *l* égal à *h m*;
et pendant que celui-ci achève le reste *l* B, il se sera

fait du point m une onde particulière, dont le demi-diamètre $m\,n$, aura telle raison à l B que I A à K B. D'où il est évident que cette onde du demi-diamètre $m\,n$, et l'autre du demi-diamètre I A, auront la même tangente B A. Et de même toutes les ondes particulières sphériques qui se seront faites hors du cristal par l'impulsion de tous les points de l'onde I K contre la surface de l'éther I B. C'est donc précisément la tangente B A qui sera, hors du cristal, la continuation de l'onde I K, lorsque l'endroit K est venu en B. Et par conséquent I A, qui est perpendiculaire à B A, sera la réfraction du rayon O I, en sortant du cristal. Or il est clair que I A est parallèle au rayon incident R C, puisque I B est égale à O K, et I A égale à K O, et les angles A et O droits.

L'on voit donc que, suivant notre hypothèse, la réciprocation des réfractions a lieu dans ce cristal, aussi bien que dans les corps transparents ordinaires, ce qui se trouve ainsi en effet par les observations.

36. Je passe maintenant à la considération des autres sections du cristal, et des réfractions qui s'y produisent, desquelles, comme l'on verra, dépendent d'autres phénomènes fort remarquables.

Soit le parallélépipède du cristal A B H (Fig. 35), et la surface d'en haut A E H F un rhombe parfait, dont les angles obtus soient divisés également par la droite E F, et les angles aigus par la droite A H, perpendiculaire à F E.

La section, que nous avons considérée jusqu'ici, est celle qui passe par les lignes E F, E B, et qui,

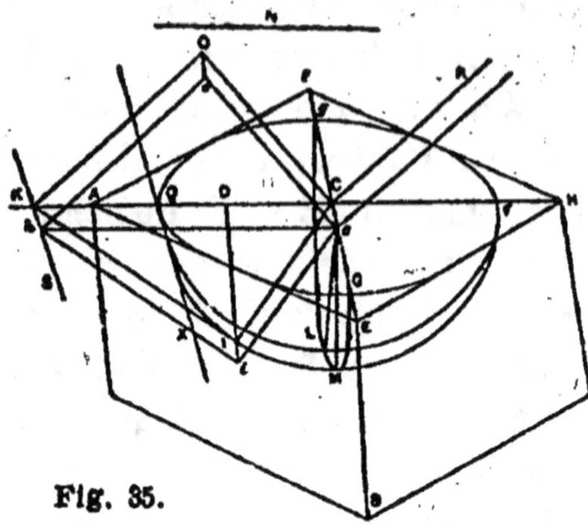

Fig. 35.

en même temps, coupe le plan **A E H F** à angles
droits; de laquelle les réfractions ont cela de
commun avec les réfractions des diaphanes ordinaires, que le plan qui est mené par le rayon

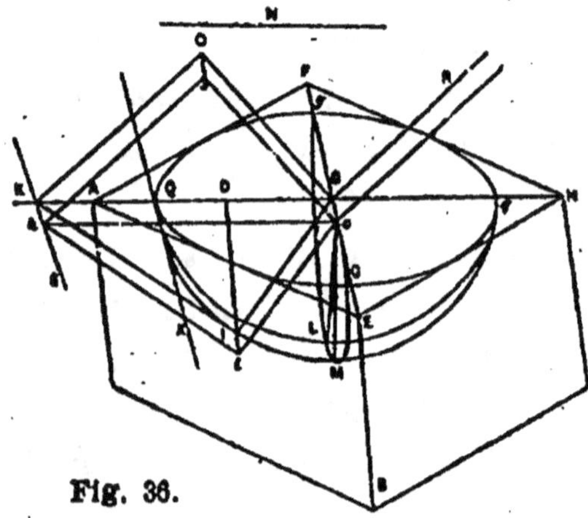

Fig. 36.

incident, et qui coupe à angles droits la surface du
cristal, est celui dans lequel se trouve aussi le rayon
rompu. Mais les réfractions qui appartiennent à
toute autre section de ce cristal, ont cette étrange

propriété, que le rayon rompu sort toujours du plan du rayon incident, perpendiculaire à la surface, et se détourne du côté du penchant du cristal. De quoi nous ferons voir la raison premièrement dans la section par A H, et nous montrerons en même temps, comment on y peut déterminer les réfractions suivant notre hypothèse. Soit donc dans le plan qui passe par A H et qui est perpendiculaire au plan A F H E (Fig. 36), le rayon incident R O, et qu'il faille trouver la réfraction dans le cristal.

37. Du centre O, que je suppose être dans l'intersection de A H et F E, soit imaginé un demi-sphéroïde $QG\,q\,g\,M$, tel que doit faire la lumière en s'étendant dans le cristal, et que sa section, par le plan A E H F, fasse l'ellipse $QG\,q\,g$, dont le grand diamètre $Q\,q$, qui est dans la ligne A H, sera nécessairement un des grands diamètres du sphéroïde; parce que l'axe du sphéroïde étant dans le plan par F E B, auquel Q O est perpendiculaire, il s'ensuit que Q O est aussi perpendiculaire à l'axe du sphéroïde, et partant $QC\,q$ un de ses grands diamètres. Mais le petit diamètre de cette ellipse, $G\,g$, aura à $Q\,q$ la raison qui a été définie ci-devant, n° 27, entre C G et le demi-grand diamètre du sphéroïde C P, savoir celle de 98.779 à 105.032.

Soit la longueur de la ligne N le trajet de la lumière dans l'air, pendant que dans le cristal, du centre O, elle fait le sphéroïde $QG\,q\,g\,M$, et ayant mené C O perpendiculaire au rayon O R, et qui soit dans le plan par O R et A H, soit ajustée, dans l'angle A C O, la droite O K égale à N, et perpendiculaire à C O, et qu'elle rencontre la droite A H en K. Posant ensuite que O L soit perpendiculaire à la surface du cristal A E H F, et que O M soit la réfraction du rayon qui tombe perpendiculairement sur cette même surface, soit mené un plan par la ligne O M et par K C H, faisant dans le sphéroïde la demi-ellipse Q M q, qui sera donnée, puisque l'angle M O L est donné de 6 degrés 40 minutes. Et il est certain, suivant ce qui a été expliqué ci-dessus, n° 27, qu'un plan qui toucherait le sphéroïde au point M, où je suppose que la droite O M rencontre sa surface, serait parallèle au plan Q G q. Si donc par le point K l'on tire maintenant K S parallèle à G g, qui sera aussi parallèle à Q X, tangente de l'ellipse Q G q en Q, et que l'on conçoive un plan passant par K S, et qui touche le sphéroïde, le point de contact sera nécessairement dans l'ellipse Q M q, parce que ce plan par K S, aussi bien que le plan qui touche le sphéroïde au point M, sont parallèles à Q X tangente du sphéroïde : car cette conséquence sera démontrée à la fin de ce Traité. Que ce point de contact soit en I, faisant proportionnelles K O, Q O, D O, et menant D I parallèle à O M, et qu'on joigne O I. Je dis que O I sera la réfraction requise du rayon R O. Ce qui sera manifeste si, en considérant C O, qui est perpendiculaire au rayon R O, comme une portion d'onde de-lumière, nous démontrons que la continuation de son endroit O se trouve dans le cristal en I, lorsque O est arrivé en K.

38. Or comme en démontrant, au chapitre de la réflexion, que le rayon incident et réfléchi étaient toujours dans un même plan perpendiculaire à la

surface réfléchissante, nous avons considéré la largeur de l'onde de lumière; de même il faut considérer ici la largeur de l'onde OO dans le diamètre Og. Prenant donc la largeur Oc du côté de l'angle E, soit pris le rectangle OOoc comme une portion d'onde, et achevons les rectangles OKkc, OIic, KIik, OKko. Dans le temps donc que la ligne Oo est arrivée à la surface du cristal en Kk, tous les points de l'onde OOoc sont arrivés au rectangle Kc par des lignes parallèles à OK, et des points de leurs incidences il s'est, outre cela, fait des demi-sphéroïdes particuliers dans le cristal, semblables et semblablement posés au demi-sphéroïde QMq, lesquels vont nécessairement tous toucher au plan du parallélogramme KIik, au même instant que Oo est en Kk. Ce qui est aisé à comprendre, puisque tous ceux de ces demi-sphéroïdes, qui ont leur centre le long de la ligne OK, touchent à ce plan dans la ligne KI, (car cela se démontre de la même façon que nous avons démontré la réfraction du rayon oblique dans la section principale par EF) et que tous ceux, qui ont leur centre dans la ligne Oc, touchent le même plan Ki dans la ligne Ii, étant tous ceux-ci pareils au demi-sphéroïde QMq. Puisque donc le parallélogramme Ki est celui qui touche tous ces sphéroïdes, ce même parallélogramme sera précisément la continuation de l'onde OOoc dans le cristal, lorsque Oo est parvenue en Kk, à cause de la terminaison du mouvement, et de la quantité qui s'y en trouve plus que partout ailleurs : et ainsi il paraît que l'endroit O de l'onde OOoc a sa continuation en I, c'est-à-dire que le rayon R C se rompt en C I.

Où il est à noter, que la proportion de la réfraction pour cette section du cristal est celle de la ligne N au demi-diamètre C Q, par laquelle on trouvera facilement les réfractions de tous les rayons incidents, de la même manière que nous avons montré ci-devant pour ce qui est de la section par F E, et la démonstration sera la même. Mais il paraît que ladite proportion de la réfraction est moindre ici que dans la section par F E B, car elle était là comme de N à C G, c'est-à-dire de 156.962 à 98.779, fort près comme de 8 à 5, et ici elle est de N à C Q, demi-grand diamètre du sphéroïde, c'est-à-dire de 156.962 à 105.032, fort près comme de 3 à 2, mais tant soit peu moindre. Ce qui s'accorde encore parfaitement à ce que l'on trouve par observation.

39. Au reste cette diversité de proportions de réfraction produit un effet fort singulier dans ce cristal, qui est qu'en le posant sur un papier, où il y ait des lettres ou autre chose marquée, si on regarde dessus, avec les deux yeux situés dans le plan de la section par E F, on voit les lettres plus élevées par cette réfraction irrégulière, que lorsqu'on met les yeux dans le plan de la section par A H; et la différence des élévations paraît par l'autre réfraction ordinaire de ce cristal, dont la proportion est comme de 5 à 3, et qui élève ces lettres toujours également, et plus haut que ne fait la réfraction irrégulière. Car on voit les lettres, et le papier où elles sont écrites, comme dans deux étages différents

tout à la fois; et dans la première situation des yeux, savoir quand ils sont dans le plan par A H, ces deux étages sont quatre fois plus éloignés l'un de l'autre que lorsque les yeux sont dans le plan par E F.

Nous montrerons que cet effet s'ensuit de ces réfractions, ce qui servira en même temps à faire connaître le lieu apparent d'un point d'objet, placé immédiatement sous le cristal, suivant la différente situation des yeux.

40. Voyons premièrement de combien la réfraction irrégulière du plan par A H doit hausser le fond du cristal. Que le plan de cette figure ici (Fig. 37)

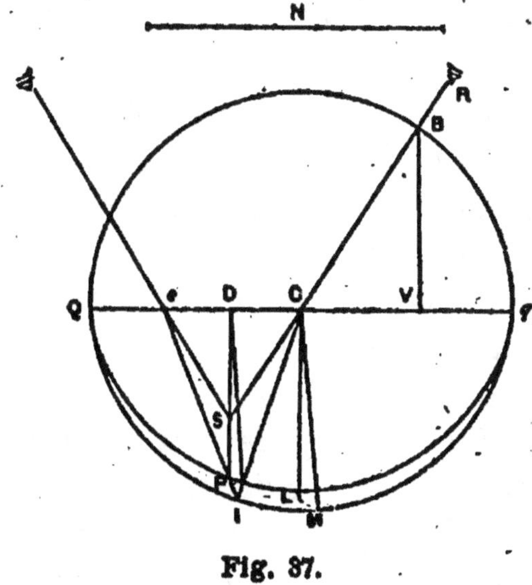

Fig. 37.

représente séparément la section par Q q et O L, dans laquelle section est aussi le rayon R O, et que le plan demi-elliptique, par Q q et O M, soit incliné au premier, comme auparavant, d'un angle de 6 degrés

40 minutes, dans lequel plan est donc C I la réfraction du rayon R C.

Que si l'on considère maintenant le point I comme au fond du cristal, et qu'il soit vu par les rayons I C R, I c r, rompus également aux points C c, qui doivent être également distants de D, et que ces rayons rencontrent les deux yeux en R r. Il est certain que le point I paraîtra élevé en S, où concourent les droites R C, r c, lequel point S est dans D P, perpendiculaire à Q q. Et si sur D P on mène la perpendiculaire I P, qui sera toute couchée au fond du cristal, la longueur S P sera l'exhaussement apparent du point I au-dessus de ce fond.

Soit décrit sur Q q un demi-cercle qui coupe le rayon C R en B, d'où soit menée B V perpendiculaire à Q q, et que la proportion de la réfraction pour cette section soit, comme devant, celle de la ligne N au demi-diamètre C Q.

Donc, comme N à C Q, ainsi est V C à C D, comme il paraît par la manière de trouver les réfractions que nous avons montrée ci-dessus n° 31, mais comme V C à C D, ainsi V B à D S. Donc comme N à C Q, ainsi V B à D S. Soit M L perpendiculaire sur C L. Et parce que je suppose les yeux R r éloignés du cristal d'un pied ou environ, et par conséquent l'angle R S r fort petit, il faut considérer V B comme égale au demi-diamètre C Q, et D P comme égale à C L : donc comme N à C Q, ainsi C Q à D S. Mais N est de 156.962 parties, dont C M en contient 100.000 et C Q 105.032 : donc D S sera de 70.283. Mais C L est de 99.324, étant sinus du complément de l'angle M C L de 6 degrés 40 minutes, en supposant O M pour rayon : donc D P, considérée comme égale à O L, sera à D S comme 99.324 à 70.283. Et ainsi se connaît le rehaussement du point du fond I par la réfraction de cette section.

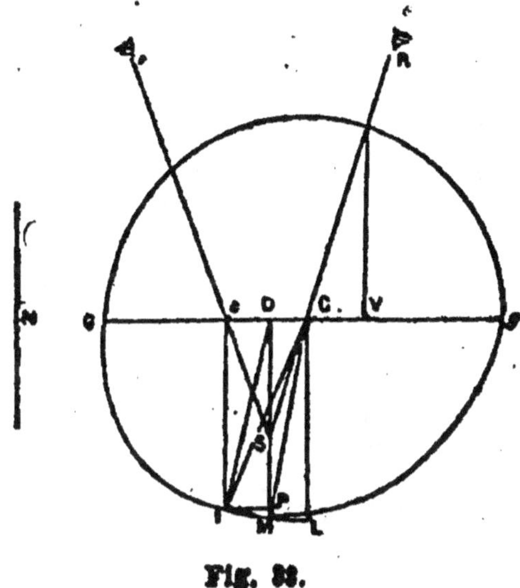

Fig. 38.

41. Soit maintenant représentée l'autre section par E F dans la figure qui est devant la précédente (Fig. 36), et que G M g soit la demi-ellipse, considérée aux n°ˢ 27 et 28, qui se fait par la coupe d'une onde sphéroïde ayant le centre O. Que le point I, pris dans cette ellipse, soit imaginé derechef au fond du cristal, et qu'il soit vu par les rayons rompus I O R, I o r (Fig. 38), qui vont rencontrer les deux yeux, étant O R, o r également inclinées à la surface du cristal G g. Ce qui étant ainsi, si l'on tire I D parallèle à O M, que je suppose être la réfraction du rayon perpendiculaire qui tomberait sur le point O, les distances D O, D o seront égales, comme il est aisé de voir par ce qui est démontré au

nombre 28. Or il est certain que le point I doit paraître en S, où concourent les droites R O, *r c*, prolongées, et que ce point S tombe dans la ligne D P perpendiculaire à G *g*, à laquelle D P si

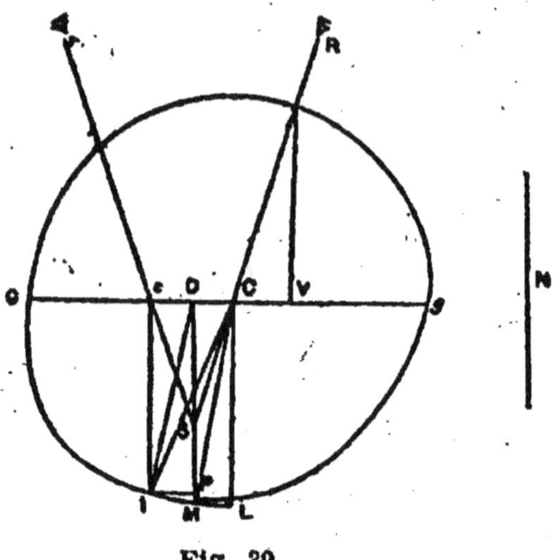

Fig. 39.

l'on mène perpendiculaire I P, ce sera la distance P S qui marquera le rehaussement apparent du point I. Soit sur G *g* décrit un demi-cercle qui coupe O R en B, d'où soit menée B V perpendiculaire sur G *g*, et que N à G O marque la proportion de la réfraction dans cette section, comme au n° 28. Puisque donc O I est la réfraction du rayon B O, et D I parallèle à C M, il faut que V C soit à C D, comme N à G O, par ce qui a été démontré au nombre 31, mais comme V C à C D, ainsi est B V à D S. Soit menée M L perpendiculaire sur C L. Et parce que je suppose derechef les yeux éloignés au-dessus du cristal, B V est censée égale au demi-diamètre C G, et partant D S sera alors troisième proportionnelle aux lignes N et OG ; aussi sera DP alors censée égale à OL. Or OG étant de 98.778 parties dont OM en contient 100.000, N est de 156.962 : donc DS sera de 62.163. Mais OL est aussi déterminée, et contient 99.324 parties, comme il a été dit nº⁸ 34 et 40, donc la raison de PD à DS sera comme de 99.324 à 62.163. Et ainsi l'on sait le rehaussement du point du fond I par la réfraction de cette section; et il paraît que ce rehaussement

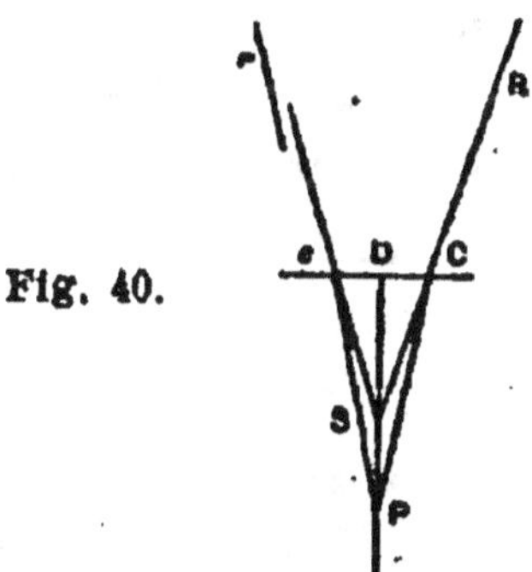

Fig. 40.

est plus grand que par la réfraction de la section précédente, puisque la raison de PD à DS était là comme de 99.324 à 70.283.

Mais par la réfraction régulière du cristal, dont nous avons dit ci-dessus que la proportion était de 5 à 3, le rehaussement du point I ou P du fond sera de 2/5 de la hauteur DP; comme il paraît par cette figure (Fig. 40), où le point P étant vu par les rayons POR, Pcr, également rompus en la surface Oc, il faut que ce point paraisse en S, dans la perpendiculaire PD, où concourent les droites RO, rc prolongées : et l'on sait que la ligne PO à OS est comme 5 à 3, puisqu'elles sont entre elles comme le sinus de l'angle C S P ou D S C, au sinus de l'angle S P C. Et parce que les deux yeux R r étant supposés beaucoup éloignés au-dessus du cristal, la raison de P D à D S est censée la même que P C à C S, le rehaussement P S sera aussi de 2/5 de P D.

42. Que si l'on prend une ligne droite A B pour l'épaisseur du cristal, duquel le point B soit dans le fond, et qu'on la divise, suivant les proportions des rehaussements trouvées, aux points C, D, E, faisant A E de 3/5 A B, A B à A C comme 99.324 à 70.283, et A B à A D comme 99.324 à 62.163, ces points diviseront A B comme dans cette figure. Et l'on trouvera que ceci s'accorde parfaitement avec l'expérience, c'est-à-dire qu'en plaçant les yeux dans le plan qui coupe le cristal suivant le petit diamètre du rhombe de dessus, la réfraction régulière élèvera les lettres en E, et on verra le fond, et les lettres sur lesquelles il est posé, élevées en D par la réfraction irrégulière. Mais en plaçant les yeux dans le plan qui coupe le cristal suivant le grand diamètre du rhombe de dessus, la réfraction régulière élevera les lettres en E comme auparavant, mais la réfraction irrégulière les fera en même temps paraître élevées en C seulement. En sorte que l'intervalle C E sera quadruple de l'intervalle E D, qu'on voyait auparavant.

43. Je n'ai que faire de remarquer ici que, dans toutes les deux positions des yeux, les images, causées par la réfraction irrégulière, ne paraissent pas directement au-dessous de celles qui procèdent de

la réfraction régulière, mais qu'elles s'en écartent, en s'éloignant davantage de l'angle solide équilatéral du cristal; parce que cela s'ensuit de tout ce qui a été démontré jusqu'ici de la réfraction irrégulière, et qu'il est surtout évident par ces dernières démonstrations, où l'on voit que le point I paraît par la réfraction irrégulière en S, dans la perpendiculaire D P, dans laquelle doit aussi paraître l'image du point P par la réfraction régulière, mais non pas l'image du point I, qui sera à peu près directement au-dessus de ce même point, et plus haute que S.

Mais pour ce qui est du rehaussement apparent du point I dans les autres positions des yeux au-dessus du cristal, outre les deux positions que nous venons d'examiner, l'image de ce point paraîtra toujours par la réfraction régulière entre les deux hauteurs de D et O, passant de l'une à l'autre, à mesure qu'on tourne à l'entour du cristal immobile en regardant dessus. Et tout ceci se trouve encore conforme à notre hypothèse, comme un chacun pourra s'en assurer, après que j'aurai montré ici la manière de trouver les réfractions irrégulières, qui appartiennent à toutes les autres sections du cristal, outre les deux que nous avons considérées. Posons quelqu'une des faces du cristal, dans laquelle soit l'ellipse H D E (Fig. 42), dont le centre O soit aussi le centre du sphéroïde H M E, dans lequel s'étend la lumière, et dont ladite ellipse est la section. Et que le rayon incident soit R C, dont il faille trouver la réfraction.

Soit mené un plan passant par le rayon R C, et qui soit perpendiculaire au plan de l'ellipse H D E, le coupant suivant la droite B C K; et ayant dans le même plan par R C fait C O perpendiculaire à O R, soit dans l'angle O C K ajustée O K perpendiculaire à O C et égale à la ligne N, que je suppose marquer le trajet de la lumière en l'air, dans le temps qu'elle s'étend dans le cristal par le sphéroïde

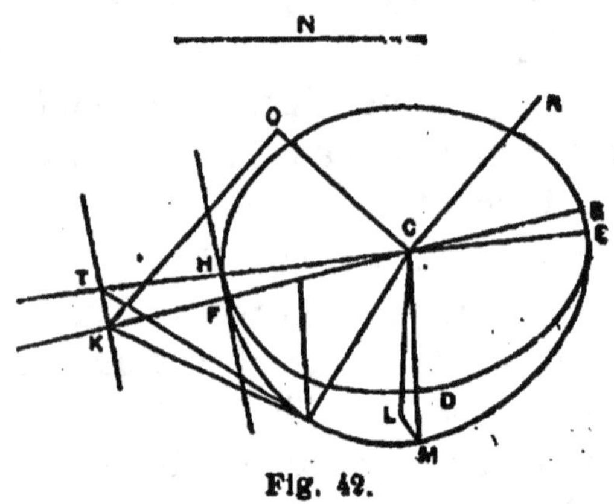

Fig. 42.

H D E M. Puis dans le plan de l'ellipse H D E soit, par le point K, menée K T perpendiculaire à B C K. Maintenant si l'on conçoit un plan mené par la droite K T, et qui touche le sphéroïde H M E en I, la droite C I sera la réfraction du rayon R C, comme il est assez aisé à conclure de ce qui a été démontré au n° 36.

Mais il faut montrer comment on peut déterminer le point de contact I. Soit menée à la ligne K T une parallèle H F, qui touche l'ellipse H D E, et que ce point de contact soit en H; et ayant tiré une droite par C H, qui rencontre K T en T, soit imaginé par la même C H, et par C M, que je suppose être la réfraction du rayon perpendi-

culaire, un plan qui fasse dans le sphéroïde la
section elliptique H M E (Fig. 43). Il est certain que
le plan qui passera par la droite K T, et qui touchera le sphéroïde, le touchera dans un point de
l'ellipse H M E, par le lemme qui sera démontré à la
fin du chapitre. Or ce point est nécessairement le
point I que l'on cherche, puisque le plan mené
par T K ne peut toucher le sphéroïde qu'en un
point. Et ce point I est aisé à déterminer, puisqu'il

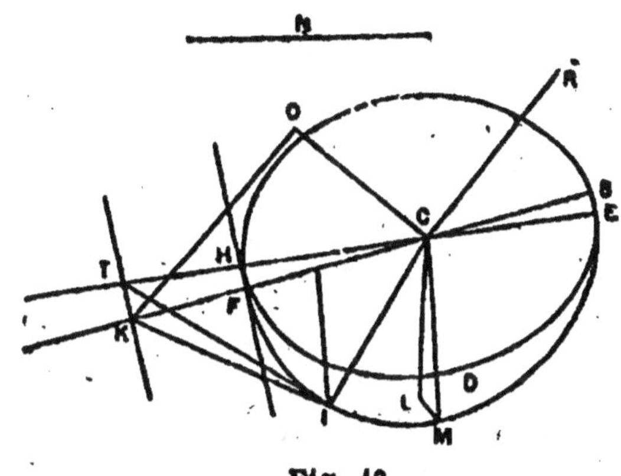

Fig. 43.

ne faut que mener du point T, qui est dans le plan
de cette ellipse, la tangente T I, de la manière qui
a été montrée ci-devant. Car l'ellipse H M E est
donnée, dont C H et C M sont [des] demi-diamètres
conjugués; parce qu'une droite menée par M,
parallèle à H E, touche l'ellipse H M E, comme il
s'ensuit de ce qu'un plan mené par M, et parallèle
au plan H D E, touche le sphéroïde en ce point M,
ce qui se voit n° 27 et 23. Au reste la position de
cette ellipse, à l'égard du plan par le rayon R C et
par C K, est aussi donnée, par où il sera aisé de

trouver la position de la réfraction O I, à l'égard du rayon R O.

Or il faut noter, que la même ellipse H M E sert à trouver les réfractions de tout autre rayon qui sera dans le plan par R O et O K. Parce que tout plan, parallèle à la droite H F, ou T K, qui touchera le sphéroïde, le touchera dans cette ellipse, par le lemme cité peu devant.

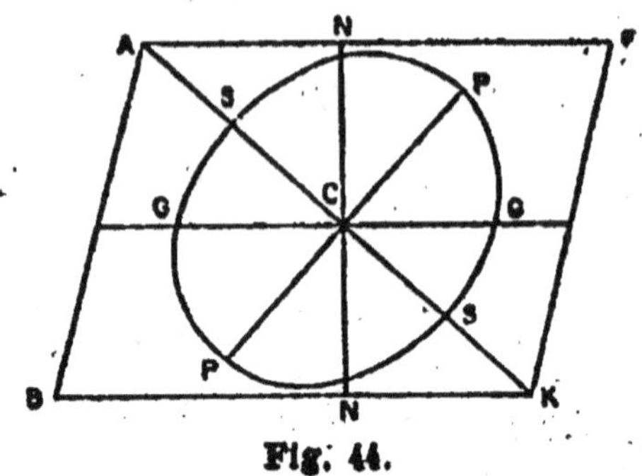

Fig. 44.

J'ai recherché ainsi par le menu les propriétés de la réfraction irrégulière de ce cristal, pour voir si chaque phénomène, qui se déduit de notre hypothèse, conviendrait avec ce qui s'observe en effet. Ce qui étant ainsi, ce n'est pas une légère preuve de la vérité de nos suppositions et principes. Mais ce que je vais ajouter ici les confirme encore merveilleusement. Ce sont les coupes différentes de ce cristal, dont les surfaces, qu'elles produisent, font naître des réfractions précisément telles qu'elles doivent être, et que je les avais prévues, suivant la théorie précédente.

Pour expliquer quelles sont ces coupes, soit A B K F (Fig. 44) la section principale par l'axe du

cristal, A O K, dans laquelle sera aussi l'axe S S
d'une onde sphéroïde de lumière étendue dans le
cristal du centre O; et la ligne droite, qui coupe S S
par le milieu, et à angles droits, savoir P P, sera un
des grands diamètres.

Or comme dans la coupe naturelle du cristal,
faite par un plan parallèle à deux surfaces opposées,
lequel plan est ici représenté par la ligne G G, la
réfraction des surfaces qui en sont produites se
règle par les demi-sphéroïdes G N G, suivant ce qui
a été expliqué dans la théorie précédente, de

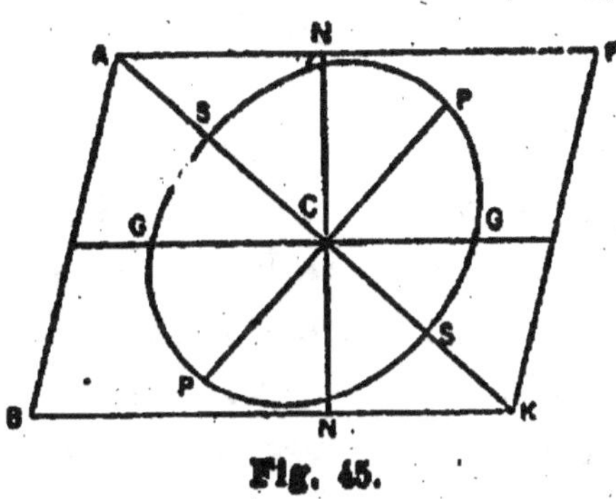

Fig. 45.

même en coupant le cristal par N N (Fig. 45), d'un
plan perpendiculaire au parallélogramme A B K F,
la réfraction des surfaces se devra régler par les
demi-sphéroïdes N G N; et si on le coupe par P P,
perpendiculairement au dit parallélogramme, la
réfraction des surfaces se devra régler par les demi-
sphéroïdes P S P, et ainsi des autres. Mais je vis
que si le plan N N était presque perpendiculaire au
plan G G, faisant l'angle N O G, qui est du côté A,
de 90 degrés 40 minutes, les demi-sphéroïdes N G N
devenaient semblables aux demi-sphéroïdes G N G,

puisque les plans N N et G G étaient inclinés également d'un angle de 45 degrés 20 minutes sur l'axe S S. Par conséquent il fallait, si notre théorie était vraie, que les surfaces que produit la section par N N, fissent toutes les mêmes réfractions que les surfaces de la section par G G. Et non pas seulement les surfaces de la section N N, mais toutes les autres, produites par des plans qui fussent inclinés à l'axe S S d'un angle pareil de 45 degrés 20 minutes. De sorte qu'il y avait une infinité de coupes, qui devaient produire précisément les mêmes réfractions que les surfaces naturelles du cristal, ou que la coupe parallèle à quelqu'une de ces surfaces, qui se fait en le fendant.

Je vis aussi qu'en le coupant d'un plan mené par P P, et perpendiculaire à l'axe S S, la réfraction des surfaces devait être telle que le rayon perpendiculaire n'en souffrît point du tout, et que toutefois aux rayons obliques il y eut une réfraction irrégulière, différente de la régulière, et par laquelle les objets, placés sous le cristal, fussent moins rehaussés que par cette autre.

Que de même, en coupant le cristal de quelque plan par l'axe S S, comme est le plan de cette figure, le rayon perpendiculaire ne devait point souffrir de réfraction, et que pour les rayons obliques, il y avait des mesures différentes pour la réfraction irrégulière, suivant la situation du plan où était le rayon incident.

Or ces choses se trouvèrent ainsi en effet, et je ne pus douter après cela qu'il ne se rencontrât partout un succès pareil. D'où je conclus que l'on peut former de ce cristal des solides semblables à ceux qui lui sont naturels, qui produiront, dans toutes leurs surfaces, les mêmes réfractions régulières et irrégulières que les surfaces naturelles, et qui pourtant se fendront tout autrement, et point parallèlement à aucune des faces.

Que l'on en peut faire aussi des pyramides, ayant la base carrée, pentagone, hexagone, ou de tant de côtés que l'on voudra, dont toutes les surfaces aient les mêmes réfractions que les surfaces naturelles du cristal, hormis la base, qui ne rompra point le rayon perpendiculaire. Ces surfaces feront chacune avec l'axe du cristal un angle de 45 degrés 20 minutes, et la base sera la section perpendiculaire à l'axe.

Qu'enfin on en peut aussi faire des prismes triangulaires, ou de tant de côtés qu'on veut, dont ni les côtés ni les bases ne rompront point le rayon perpendiculaire, quoique pourtant ils fassent tous double réfraction aux rayons obliques. Le cube est compris parmi ces prismes, dont les bases sont des sections perpendiculaires à l'axe du cristal, et les côtés sont des sections parallèles à ce même axe.

De tout ceci il paraît encore, que ce n'est point du tout dans la disposition des couches dont ce cristal paraît composé, et selon lesquelles il se fend en trois sens différents, que réside la cause de la réfraction irrégulière, et que ce serait en vain de l'y vouloir chercher.

Mais afin qu'un chacun, qui aura de cette pierre, puisse trouver, par sa propre expérience, la vérité de ce que je viens d'avancer, je dirai ici la manière dont je me suis servi à la tailler et à la polir. La taille est aisée par les roues tranchantes des lapidaires, ou de la manière qu'on scie le marbre, mais le poli est très difficile et, en employant les moyens ordinaires, on dépolit bien plutôt les surfaces qu'on ne les rend luisantes.

Après plusieurs essais, j'ai enfin trouvé qu'il ne faut point de plaque de métal pour cet usage, mais une pièce de glace de miroir rendue mate et dépolie. Là-dessus, avec du sablon fin et de l'eau, l'on adoucit peu à peu ce cristal, de même que les verres de lunettes, et on le polit en continuant seulement le travail, et en diminuant toujours la matière. Je n'ai su pourtant le rendre d'une clarté et transparence parfaites; mais l'égalité, qu'acquièrent les surfaces, fait que l'on y observe mieux les effets de la réfraction, que dans celles qui se sont faites en fendant la pierre, qui ont toujours quelque inégalité.

Lors même que la surface n'est que médiocrement adoucie, si on la frotte avec un peu d'huile, ou de blanc d'œuf, elle devient fort transparente, en sorte que la réfraction s'y découvre fort distinctement. Et cette aide est surtout nécessaire, lorsqu'on veut polir les surfaces naturelles, pour en ôter les inégalités, parce qu'on ne saurait les rendre luisantes à l'égal de celles des autres sections, qui prennent d'autant mieux le poli qu'elles sont moins approchantes de ces plans naturels.

Devant que de finir le traité de ce cristal, j'ajouterai encore un phénomène merveilleux, que j'ai découvert après avoir écrit tout ce que dessus. Car bien que je n'en aie pas pu trouver jusqu'ici la cause, je ne veux pas laisser pour cela de l'indiquer,

afin de donner occasion à d'autres de la chercher.
Il semble qu'il faudrait faire encore d'autres suppositions outre celles que j'ai faites, qui ne laisseront
pas pour cela de garder toute leur vraisemblance,
après avoir été confirmées par tant de preuves.

Le phénomène est, qu'en prenant deux morceaux
de ce cristal, et les appliquant l'un sur l'autre, ou
bien les tenant avec de l'espace entre deux, si tous

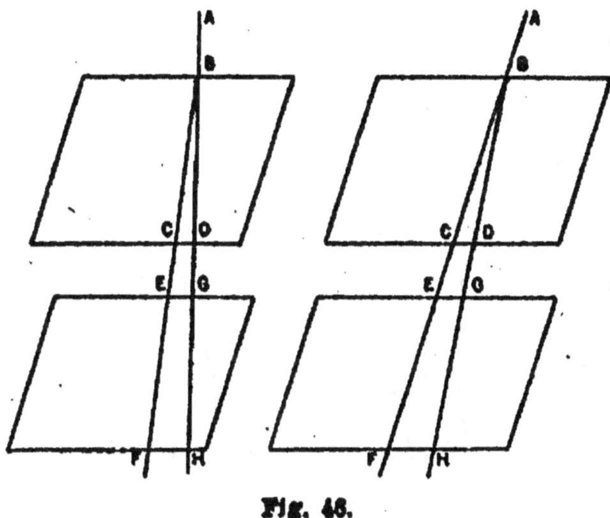

Fig. 46.

les côtés de l'un sont parallèles à ceux de l'autre,
alors un rayon de lumière, comme A B (Fig. 46),
s'étant partagé en deux dans le premier morceau,
savoir en B D et en B C, suivant les deux réfractions,
régulière et irrégulière, en pénétrant de là à l'autre
morceau, chaque rayon y passera sans plus se
partager en deux; mais celui qui a été fait de la
réfraction régulière, comme ici D G, fera seulement
encore une réfraction régulière en G H, et l'autre,
C E, une irrégulière en E F. Et la même chose

arrive non seulement dans cette disposition, mais aussi dans toutes celles où la section principale, de l'un et de l'autre morceau, se trouve dans un même plan, sans qu'il soit besoin que les deux surfaces qui se regardent soient parallèles. Or il est merveilleux pourquoi les rayons C E et D G (Fig. 47), venant de l'air sur le cristal inférieur, ne se partagent pas de même que le premier rayon A B. On dirait qu'il faut

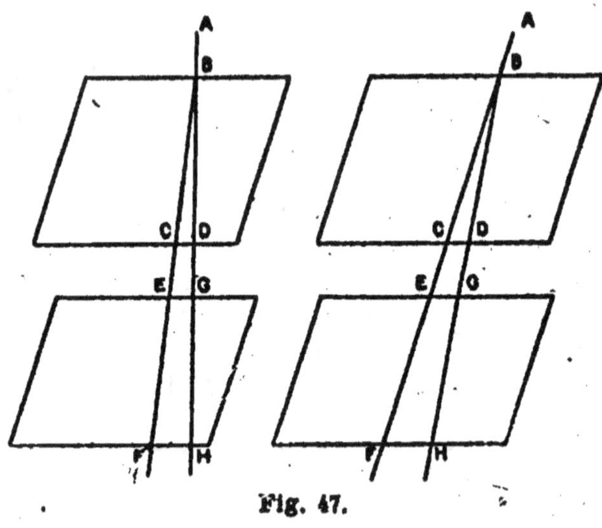

Fig. 47.

que le rayon D G, en passant par le morceau de dessus, ait perdu ce qui est nécessaire pour émouvoir la matière qui sert à la réfraction irrégulière, et que C E ait pareillement perdu ce qu'il faut pour émouvoir la matière qui sert à la réfraction régulière, mais il y a encore autre chose qui renverse ce raisonnement. C'est que quand on dispose les deux cristaux en sorte, que les plans qui font les sections principales se coupent à angles droits, soit que les surfaces qui se regardent soient parallèles ou non, alors le rayon qui est venu de la réfraction régulière, comme DG, ne fait plus qu'une réfraction irrégulière dans le morceau inférieur, et au contraire le rayon qui est venu de la réfraction irrégulière, comme C E, ne fait plus qu'une réfraction régulière.

Mais dans toutes les autres positions infinies, outre celles que je viens de déterminer, les rayons DG, CE se partagent derechef chacun en deux, par la réfraction du cristal inférieur; de sorte que du seul rayon AB il s'en fait quatre, tantôt d'égale clarté, tantôt de bien moindre les uns que les autres, selon la diverse rencontre des positions des cristaux, mais qui ne paraissent pas avoir plus de lumière tous ensemble que le seul rayon AB.

Quand on considère ici que, les rayons C E, DG demeurant les mêmes, il dépend de la position qu'on donne au morceau d'en bas de les partager chacun en deux, ou de ne les point partager, là où le rayon AB se partage toujours, il semble qu'on est obligé de conclure que les ondes de lumière, pour avoir passé le premier cristal, acquièrent certaine forme ou disposition, par laquelle en rencontrant le tissu du second cristal, dans certaine position, elles puissent émouvoir les deux différentes matières qui servent aux deux espèces de réfractions; et en rencontrant ce second cristal dans une autre position, elles ne puissent émouvoir que l'une de ces matières. Mais pour dire comment cela se fait, je n'ai rien trouvé jusqu'ici qui me satisfasse.

Laissant donc à d'autres cette recherche, je passe à ce que j'ai à dire touchant la cause de la figure extraordinaire de ce cristal, et pourquoi il se fend aisément en trois sens différents, parallèlement à quelqu'une de ses surfaces.

Il y a plusieurs corps végétaux, minéraux, et sels congelés qui se forment avec de certains angles et figures régulières. Ainsi parmi les fleurs il y en a beaucoup, qui ont leurs feuilles disposées en polygones ordonnés, au nombre de 3, 4, 5 ou 6 côtés, mais non pas davantage. Ce qui mérite bien d'être remarqué, tant la figure polygone, que pourquoi elle n'excède pas ce nombre de 6.

Le cristal de roche croît ordinairement en bâtons hexagones, et l'on trouve des diamants qui naissent avec une pointe carrée, et des surfaces polies. Il y a une espèce de petites pierres plates, entassées directement les uns sur les autres, qui sont toutes de figure pentagone, avec les angles arrondis et les côtés un peu pliés en dedans. Les grains de sel gris, qui naissent de l'eau de mer, affectent la figure, ou du moins l'angle, du cube; et dans les congélations d'autres sels, et de celles du sucre, l'on trouve d'autres angles solides, avec des surfaces parfaitement plates. La neige menue tombe presque toujours formée en petites étoiles à six pointes, et quelquefois en hexagones dont les côtés sont droits. Et j'ai souvent observé, au dedans de l'eau qui commence à se geler, une manière de feuilles plates et déliées de glace, dont la raie du milieu jette des branches inclinées d'un angle de 60 degrés. Toutes ces choses méritent d'être recherchées soigneusement, pour reconnaître comment et par quel artifice la nature y opère. Mais ce n'est pas maintenant mon dessein de traiter entièrement cette matière. Il

semble qu'en général la régularité, qui se trouve
dans ces productions, vient de l'arrangement des
petites particules invisibles et égales dont elles sont
composées. Et pour venir à notre cristal d'Islande,
je dis que s'il avait une pyramide comme A B C D
(Fig. 48), composée de petits corpuscules ronds, non
pas sphériques, mais sphéroïdes plats, tels que se
feraient par la conversion de cette ellipse G H sur son
petit diamètre E F, dont la proportion au grand est

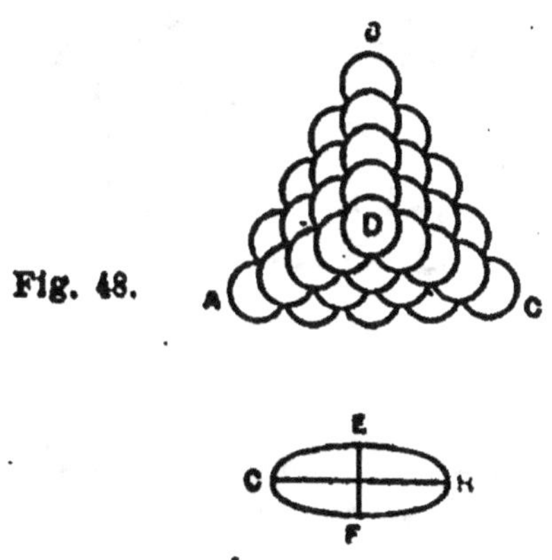

Fig. 48.

fort près celle de 1 à la racine carrée de 8. Je dis
donc que l'angle solide de la pointe D, serait égal à
l'angle obtus et équilatéral de ce cristal. Je dis de
plus, si ces corpuscules étaient légèrement collés
ensemble, qu'en rompant cette pyramide, elle se
casserait suivant des faces parallèles à celles qui
font la pointe, et que par ce moyen, comme il est
aisé de voir, elle produirait des prismes semblables
à ceux du même cristal, tels que représente cette
autre figure (Fig. 49). La raison est, qu'en se cassant
de cette façon, toute une couche se sépare aisément
de sa couche voisine, parce que chaque sphéroïde ne

se détache que des trois sphéroïdes de l'autre couche, desquels trois il n'y en a qu'un qui le touche par la surface aplatie, et les deux autres seulement par les bords. Et ce qui fait que les surfaces se séparent nettes et polies, c'est que si quelque sphéroïde de la couche voisine voulait en sortir pour s'attacher

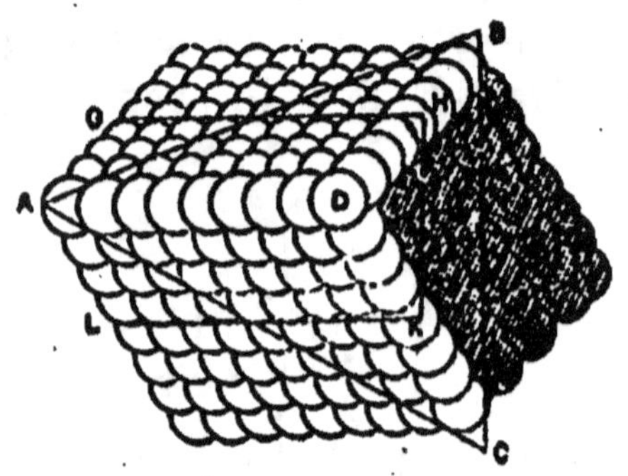

Fig. 49.

à celle qui se sépare, il faudrait qu'il se détachât des six autres sphéroïdes qui le tiennent serré, et dont les quatre le pressent par ces surfaces aplaties. Puis donc que tant les angles de notre cristal, que la manière dont il se fend, conviennent justement avec ce qui se remarque au composé de tels sphéroïdes, c'est une grande raison pour croire que ses particules sont formées et rangées de même.

Il y a même assez d'apparence que les prismes de ce cristal se font par la rupture des pyramides, puisque M. Bartholin rapporte qu'il s'en trouve parfois des morceaux de figure pyramidale triangulaire. Mais quand une masse ne serait composée qu'intérieurement de ces petits sphéroïdes ainsi entassés, quelque forme qu'elle eût par dehors, il est certain, par la même raison que je viens d'expliquer, qu'étant cassée elle produirait des prismes pareils. Il reste à voir s'il y a d'autres raisons qui confirment notre conjecture, et s'il n'y en a point qui y répugnent.

L'on peut objecter que ce cristal, étant ainsi composé, se pourrait fendre encore en deux manières, dont l'une serait suivant des plans parallèles à la base de la pyramide, c'est-à-dire au triangle A B C,

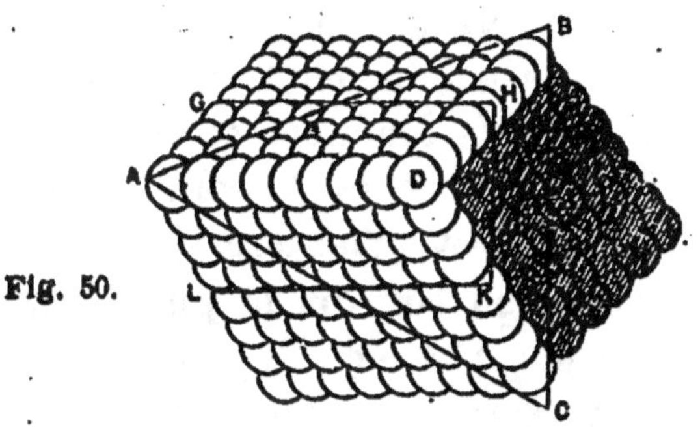

Fig. 50.

l'autre parallèlement à un plan dont la coupe est marquée par les lignes G H, H K, K L (Fig. 50). A quoi je dis, que l'une et l'autre division, quoique faisables, sont plus malaisées que celles qui étaient parallèles à quelqu'un des trois plans de la pyramide; et qu'ainsi, en frappant sur le cristal pour le casser, il se doit toujours fendre plutôt suivant ces trois plans que suivant les deux autres. Quand on a un nombre de sphéroïdes de la forme ci-devant marquée, et qu'on les range en pyramide, on voit pourquoi les deux divisions sont plus malaisées. Car pour ce qui est de celle qui se ferait parallèlement à la base, chaque sphéroïde se doit détacher des trois autres qu'il touche par les surfaces aplaties, qui tiennent plus que ne font les contacts par les bords. Et outre cela, cette division ne se fera point par des couches entières, parce qu'un chacun des sphéroïdes d'une couche n'est presque point retenu par les six de la même couche qui l'environnent, parce qu'ils ne le touchent que par les bords; de sorte qu'il adhère aisément à la couche voisine, et d'autres à lui, par la même raison, ce qui cause des surfaces inégales. Aussi voit-on par expérience, qu'en usant le cristal sur une pierre un peu rude, directement sur l'angle solide équilatéral, on trouve à la vérité beaucoup de facilité à le diminuer en ce sens, mais beaucoup de difficulté ensuite à polir la surface qu'on aura aplatie de cette manière.

Pour l'autre division suivant le plan G H K L, l'on verra que chaque sphéroïde s'y devrait détacher de quatre de la couche voisine, dont deux le touchent par les surfaces aplaties, et deux par les bords. De sorte que cette division est de même plus difficile que celle qui se fait parallèlement à une des surfaces du cristal, où nous avons dit que chaque sphéroïde ne se détache que de trois de sa couche voisine, dont il n'y en a qu'un qui le touche par la surface aplatie, et les deux autres par les bords seulement.

Cependant, ce qui m'a fait connaître qu'il y a dans le cristal des couches de cette dernière façon, c'est qu'en un morceau de demi-livre que j'ai, l'on voit qu'il est fendu tout du long, ainsi que le prisme susdit par le plan G H K L, ce qui paraît par les couleurs d'iris répandues dans tout ce plan,

9

quoique les deux pièces tiennent encore ensemble. Tout ceci prouve donc que la composition du cristal est telle que nous avons dit. A quoi j'ajoute encore cette expérience, que si on passe un couteau en râclant sur quelqu'une de ces surfaces naturelles, et que ce soit en descendant de l'angle obtus équilatéral, c'est-à-dire de la pointe de la pyramide, on le trouve fort dur, mais en râclant du sens contraire on l'entame aisément. Ce qui s'ensuit manifestement de la situation des petits sphéroïdes, sur lesquels, dans la première manière, le couteau glisse; mais dans l'autre il les prend par dessous, à peu près comme les écailles d'un poisson.

Je n'entreprendrai pas de rien dire touchant la manière dont s'engendrent tant de petits corpuscules, tous égaux et semblables, ni comment ils sont mis dans un si bel ordre. S'ils sont formés premièrement et puis assemblés, ou s'ils se rangent ainsi en naissant, et à mesure qu'ils sont produits, ce qui me paraît plus vraisemblable. Il faudrait pour développer des vérités si cachées une connaissance de la nature bien plus grande que celle que nous avons. J'ajouterai seulement que ces petits sphéroïdes pourraient bien contribuer à former les sphéroïdes des ondes de lumière, ci-dessus supposés, les uns et les autres étant situés de même, et avec leurs axes parallèles.

Calculs qui ont été supposés dans ce Chapitre.

M. Bartholin dans son traité de ce cristal, met les angles obtus des faces de 101 degrés, lesquels

j'ai dit être de 101 degrés 52 minutes. Il dit avoir
mesuré immédiatement ces angles sur le cristal, ce
qui est difficile à faire avec la dernière justesse, à
cause que les carnes, comme C A, C B dans cette
figure (Fig. 51), sont ordinairement usées, et non pas
bien droites. Pour plus de sûreté donc, j'ai plutôt
voulu mesurer actuellement l'angle obtus, duquel

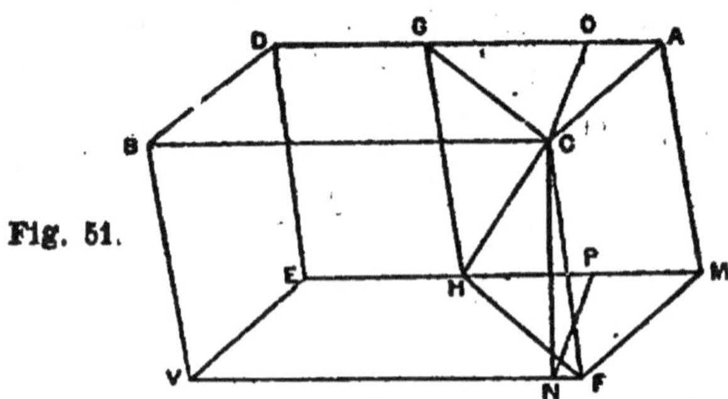

Fig. 51.

sont inclinées l'une sur l'autre les faces C B D A,
C B V F, savoir l'angle O C N, après avoir mené O N
perpendiculaire sur F V, et C O perpendiculaire sur
D A, lequel angle O C N j'ai trouvé de 105 degrés
et son complément à deux angles droits, O N P, de
75 degrés, comme il fallait.

Pour trouver par là l'angle obtus B C A, je me
suis imaginé une sphère, ayant son centre en C, et
dans sa superficie un triangle sphérique, formé par
l'intersection des trois plans qui comprennent l'angle
solide C. Dans ce triangle équilatéral, qui soit
A B F dans cette autre figure (Fig. 52), je voyais que
chacun des angles devait être de 105 degrés, savoir
égal à l'angle O C N, et que chacun des côtés était
d'autant de degrés que l'angle A C B, A C F, ou

B C F. Ayant donc mené l'arc F Q perpendiculaire sur le côté A B, qu'il divise également en Q, le triangle F Q A avait l'angle Q droit, l'angle A de 105 degrés, et F de la moitié autant, savoir de 52 degrés 30 minutes, d'où se trouve l'hypoténuse A F de 101 degrés 52 minutes. Et cet arc A F est la mesure de l'angle A C F dans la figure du cristal.

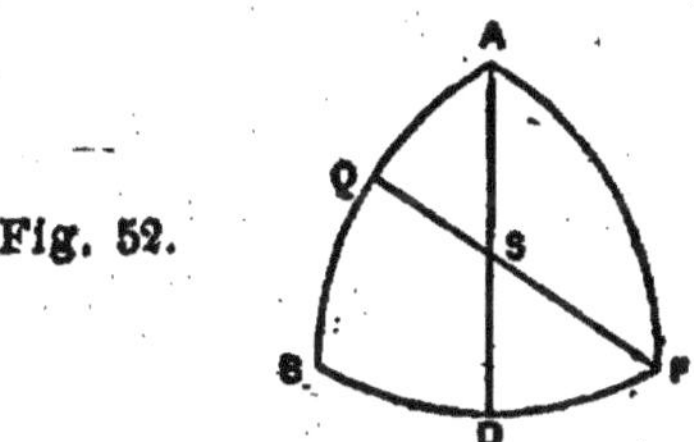

Fig. 52.

Dans la même figure (Fig. 51), si le plan O G H F coupe le cristal en sorte, qu'il divise les angles obtus A C B, M F V par le milieu il a été dit, au nombre 10, que l'angle C F H est de 70 degrés 57 minutes. Ce qui se démontre encore facilement dans le même triangle sphérique A B F, où il paraît que l'arc F Q est d'autant de degrés que l'angle G C F dans le cristal, duquel le complément à deux droits est l'angle C F H. Or l'arc F Q se trouve de 109 degrés 3 minutes. Donc son complément, 70 degrés 57 minutes, est l'angle C F H.

Il a été dit, n° 26, que la droite C S, qui dans la précédente figure, soit C H (Fig. 51), étant l'axe du cristal, c'est-à-dire également inclinée aux trois côtés C A, C B, C F, l'angle G C H est de 45 degrés 20 minutes, ce qui se calcule encore facilement par le même triangle sphérique. Car en tirant l'autre arc A D, qui coupe B F également, et F Q en S, ce point sera le centre de ce triangle; et il est aisé de voir que l'arc S Q est la mesure de l'angle G C H, dans la figure qui représente le cristal. Or dans le triangle Q A S (Fig. 53), qui est rectangle, l'on connaît aussi l'angle A, qui est de 52 degrés 30 minutes, et le côté A Q de 50 degrés 56 minutes, d'où se trouve le côté S Q de 45 degrés 20 minutes.

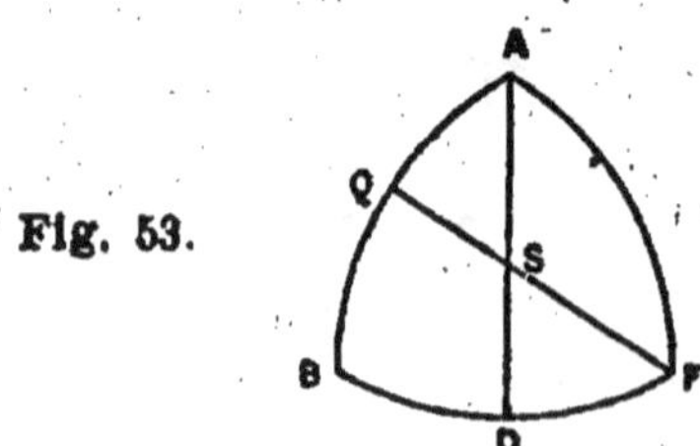

Fig. 53.

Au nombre 27, il faut montrer que P M S étant une ellipse dont le centre est C, et qui touche la droite M D en M, en sorte que l'angle M C L, que fait C M avec C L, perpendiculaire sur D M, soit de 6 degrés 40 minutes, et son demi-petit diamètre C S faisant avec C G, parallèle à M D, un angle G C S de 45 degrés 20 minutes, il faut montrer, dis-je, que C M étant de 100.000 parties, P C, demi-grand diamètre de cette ellipse, est de 105.032, et C S, demi-petit diamètre, de 93.410.

Soient C P, C S (Fig. 54) prolongées, et qu'elles rencontrent la tangente D M en D et Z; et du point de contact M soient menées M N, M O perpendiculaires sur C P, C S. Maintenant parce que les angles S C P, G C L sont droits, l'angle P C L sera égal à G C S, qui était de 45 degrés 20 minutes. Et ôtant l'angle L C M, qui est de 6 degrés 40 minutes, de L C P 45 degrés 20 minutes, reste M C P de

38 degrés 40 minutes. Considérant donc O M comme rayon de 100.000 parties, M N, sinus de 38 degrés 40 minutes sera 62.479. Et dans le triangle rectangle M N D, M N sera à N D comme le rayon des Tables à la tangente de 45 degrés 20 minutes, parce que l'angle M N D est égal à D O L ou G O S, c'est-à-dire comme 100.000 à 101.170, d'où vient N D 63.210. Mais N O est de 78.079 des mêmes parties dont O M est 100.000, parce que N O est sinus du complément

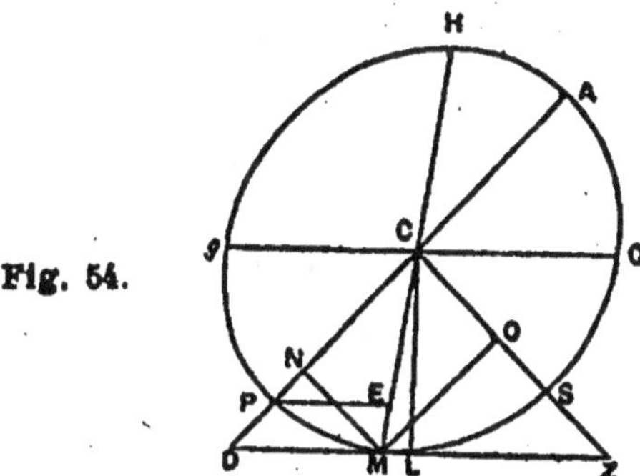

Fig. 54.

de l'angle M O P, qui était de 38 degrés 40 minutes. Donc toute la D O est de 141.289; et O P, qui est moyenne proportionnelle entre D O et O N, parce que M D touche l'ellipse, sera 105.032.

De même, parce que l'angle O M Z est égal à O D Z, ou L O Z, qui est de 44 degrés 40 minutes, étant le complément de G O S, il s'ensuit que, comme le rayon des tables à la tangente de 44° 40', ainsi sera O M 78.079, à O Z 77.176. Mais O O est de 62.479 de ces mêmes parties dont O M est 100.000, parce qu'elle est égale à M N, sinus de l'angle M O P de 38° 40'. Donc toute la O Z est 139.655, et O S, qui est moyenne proportionnelle entre O Z, O O, sera 93.410.

Au même endroit on a dit que O G se trouve de 98.779 parties. Pour le démontrer, soit dans la même figure menée P E parallèle à D M, et qui rencontre O M en E. Dans le triangle O L D, le côté O L est 99.324 (O M étant 100.000), parce que O L est sinus du complément de l'angle L O M, de 6° 40'. Et puisque l'angle L O D est de 45° 20', pour être égal à G O S, l'on trouvera le côté L D 100.486, d'où ôtant M L 11.609, restera M D 88.877. Or comme O D, qui était 141.289, à D M 88.877, ainsi O P 105.032, à P E 66.070. Mais comme le rectangle M E H, ou bien la différence des carrés O M, O E, au carré M O, ainsi est le carré P E au carré cg ; donc aussi comme la différence des carrés D O, O P au carré de O D, ainsi le carré P E au carré gc. Mais D P, O P et P E sont connues : on connaît donc aussi G O, qui est 98.779.

Lemme qui a été supposé.

Si un sphéroïde est touché par une ligne droite, et aussi par deux ou plusieurs plans qui soient parallèles à cette ligne, quoique non pas entre eux, tous les points du contact, tant de la ligne que des plans, seront dans une même ellipse, faite par un plan qui passe par le centre du sphéroïde.

Soit le sphéroïde L E D (Fig. 55) touché par la ligne B M au point B, et aussi par des plans, parallèles à cette ligne, aux points O et A. Il faut démontrer que les points B, O, et A, sont dans une même ellipse, faite dans le sphéroïde par un plan qui passe par son centre.

Par la ligne B M et par les points O, A, soient menés des plans parallèles entre eux, qui, en coupant le sphéroïde, fassent les ellipses L B D, P O P, Q A Q, qui seront toutes semblables et semblablement posées, et auront leurs centres K, N, R, dans un même diamètre du sphéroïde, qui sera aussi dia-

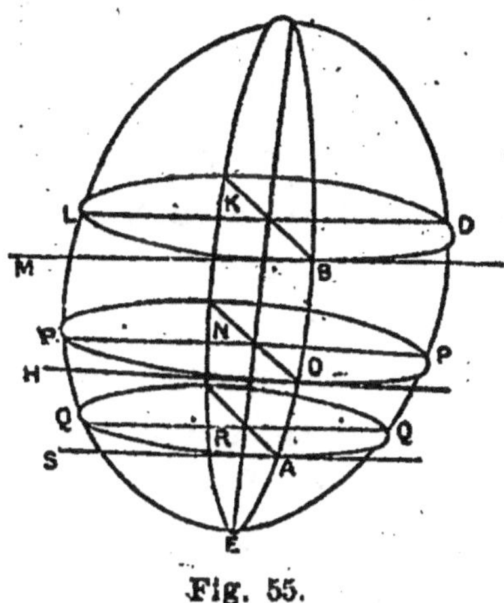

Fig. 55.

mètre de l'ellipse faite par la section du plan qui passe par le centre du sphéroïde, et qui coupe les plans des trois susdites ellipses à angles droits ; car tout cela est manifeste par la prop. 15, du livre des Conoïdes et Sphéroïdes d'Archimède. De plus, les deux derniers plans, qui ont été menés par les points O, A, seront aussi, en coupant les plans qui touchaient le sphéroïde en ces mêmes points, des lignes droites, comme O H, A S, qui seront, comme il est aisé de voir, parallèles à B M; et toutes les trois, B M, O H, A S, toucheront les ellipses L B D, P O P, Q A Q, dans ces points B, O, A, puisqu'elles sont dans les plans de ces ellipses, et en même temps dans des plans qui touchent le sphéroïde. Que si maintenant de ces points B, O, A, l'on mène des droites B K, O N, A R, par les centres des mêmes ellipses, et que par ces centres l'on mène aussi les diamètres L D, P P, Q Q, parallèles aux touchantes B M, O H, A S, ces diamètres seront les conjugués des susdits B K, O N, A R. Et parce que les trois ellipses sont semblables et semblablement posées, et qu'elles ont leurs diamètres L D, P P, Q Q, parallèles, il est certain que leurs diamètres conjugués B K, O N, A R, seront aussi parallèles. Et les centres K, N, R, étant, comme il a été dit, dans un même diamètre du sphéroïde, ces parallèles B K, O N, A R, seront nécessairement dans un même plan, qui passe par ce diamètre du sphéroïde, et par conséquent les points B, O, A, dans une même ellipse faite par l'intersection de ce plan : ce qu'il fallait prouver. Et il est manifeste que la démonstration serait la même, si, outre les points O, A, il y en avait d'autres, dans lesquels le sphéroïde fût touché par des plans parallèles à la droite B M.

CHAPITRE VI

DES FIGURES DES CORPS DIAPHANES QUI SERVENT

A LA RÉFRACTION ET A LA RÉFLEXION

Après avoir expliqué comment les propriétés de la réflexion et de la réfraction s'ensuivent de ce que nous avons posé touchant la nature de la lumière, et des corps opaques, et diaphanes, je ferai voir ici une manière fort aisée et naturelle, pour déduire, des mêmes principes, les véritables figures qui servent, ou par réflexion, ou par réfraction, à assembler, ou à disperser les rayons de lumière, selon que l'on désire. Car encore que je ne voie pas qu'il y ait moyen de se servir de ces figures en ce qui est de la réfraction — tant à cause de la difficulté de former selon elles les verres de lunette dans la justesse requise, que parce qu'il y a dans la réfraction même une propriété qui empêche le parfait concours des rayons, comme M. Newton a fort bien prouvé par les expériences — je ne laisserai pas d'en rapporter l'invention, puisqu'elle s'offre, pour ainsi dire, d'elle-même, et qu'elle confirme encore notre Théorie de la réfraction, par la convenance qui se trouve ici entre le rayon rompu, et réfléchi. Outre qu'il se peut faire qu'on y découvre à l'avenir des utilités que l'on ne voit pas présentement.

Pour venir donc à ces figures, posons premièrement que l'on veuille trouver une surface O D E, qui assemble les rayons venant d'un point A à un autre point B, et que le sommet de la surface soit le point D, donné dans la droite A B (Fig. 56). Je dis que, soit par réflexion, ou par réfraction, il faut seulement faire cette surface telle, que le chemin de

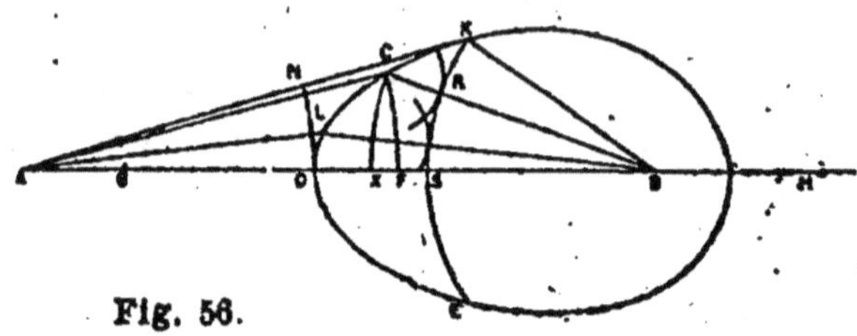

Fig. 56.

la lumière, depuis le point A jusqu'à tous les points de la ligne courbe O D E, et de ceux-ci au point du concours — comme est ici le chemin par les droites A O, O B, par A L, L B, et par A D, D B — se fasse partout dans des temps égaux, par où l'invention de ces courbes devient fort aisée.

Car pour ce qui est de la surface réfléchissante, puisque la somme des lignes A O, O B, doit être égale à celle des A D, D B, il paraît que D O E doit être une ellipse; et pour la réfraction, ayant supposé la proportion des vitesses des ondes de lumière, dans les diaphanes A et B, connue, par ex., de 3 à 2 (qui est la même, comme nous avons montré, que la proportion des sinus dans la réfraction), il faut seulement mettre D H égale aux 3/2 de D B, et ayant après cela décrit du centre A quelque arc F C, qui coupe D B en F, en faire un autre du centre B, avec le demi-diamètre B X égal à 2/3 de F H, et l'intersection C des deux arcs sera un des points requis, par où la courbe doit passer. Car ce point étant trouvé de la sorte, il est aisé premièrement de faire voir que le temps par A C, C B, sera égal au temps par A D, D B (Fig. 57).

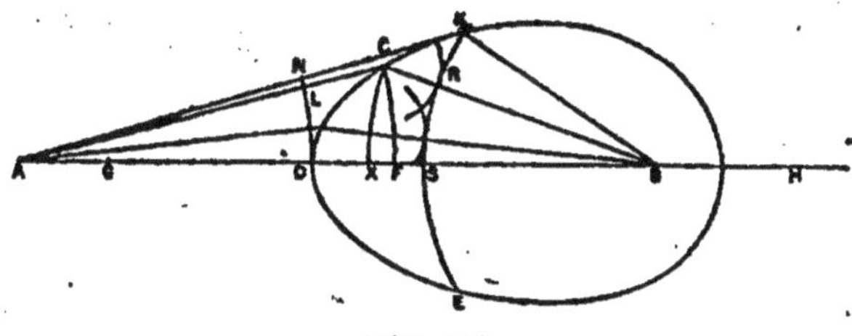

Fig. 57.

Car prenant que la ligne A D représente le temps qu'emploie la lumière à passer cette même A D dans l'air, il est évident que D H, égal à 3/2 de D B, représentera le temps de la lumière par D B dans le diaphane, parce qu'il lui faut ici d'autant plus de temps, que son mouvement est plus lent. Partant toute la A H sera le temps par A D, D B. De même la ligne A C, ou A F, représentera le temps par A C; et F H étant par la construction égal à 3/2 de C B, elle représentera le temps par C B dans le diaphane, et par conséquent toute la A H sera aussi le temps par A C, C B. D'où il paraît que le temps par A C, C B, est égal au temps par A D, D B. Et l'on fera voir de même, si L et K sont d'autres points dans la courbe C D E, que les temps par A L, L B, et par

A K, K B, sont toujours représentés par la ligne
A H, et partant égaux au dit temps par A D, D B.

Pour démontrer ensuite que les surfaces, que ces
courbes feront par leur circonvolution, dirigeront
tous les rayons qui viennent sur elles du point A,
en sorte qu'ils tendent vers B, soit supposé le
point K dans la courbe (Fig. 58), plus loin de D que
n'est C, mais en sorte que la droite A K tombe sur la
courbe, qui sert à la réfraction, en dehors; et du
centre B soit décrit l'arc K S, coupant B D en S, et
la droite C B en R; et du centre A l'arc D N, rencontrant A K en N.

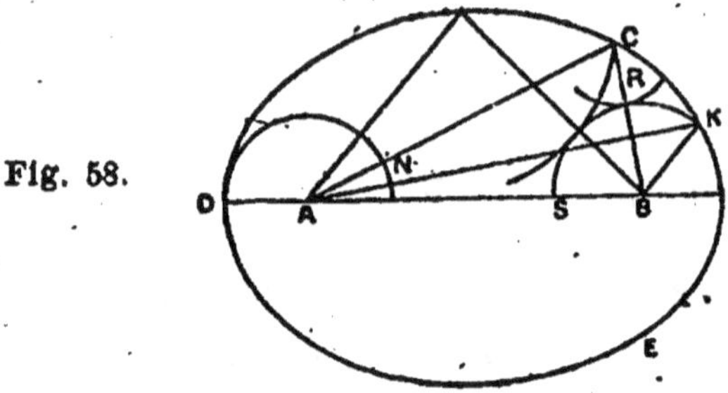

Fig. 58.

Puisque les sommes des temps par A K, K B, et
par A C, C B, sont égales, si de la première somme
l'on ôte le temps par K B, et de l'autre le temps
par R B, il restera le temps par A K égal aux temps
par ces deux, A C, C R. Partant dans le temps que
la lumière est venue par A K, elle sera aussi venue
par A C, et de plus il se sera fait une onde sphérique
particulière dans le diaphane, du centre C, et dont
le demi-diamètre sera égal à C R, laquelle onde
touchera nécessairement la circonférence K S en R,
puisque C B coupe cette circonférence à angles

droits. De même ayant pris quelqu'autre point L dans la courbe (Fig. 59), l'on montrera que dans le même temps du passage de la lumière sur A K, elle sera aussi venue par A L, et que de plus il se sera fait une onde particulière du centre L, qui touchera la même circonférence K S. Et ainsi de tous les autres points de la courbe C D E. Donc, au moment que la lumière sera arrivée en K, l'arc K R S terminera le mouvement qui s'est répandu de A sur

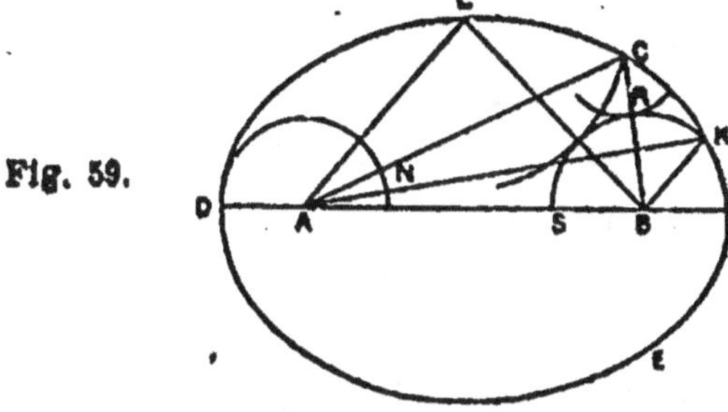

Fig. 59.

D C K. Et ainsi ce même arc sera, dans le diaphane, la propagation de l'onde émanée du point A, laquelle onde on se peut représenter par l'arc D N, ou par quelqu'autre plus près du centre A. Mais tous les endroits de l'arc K R S sont ensuite étendus suivant des droites qui lui sont perpendiculaires, c'est-à-dire qui tendent au centre B (car cela démontre, de même que nous avons prouvé ci-dessus, que les endroits des ondes sphériques s'étendent suivant des droites qui viennent de leur centre), et ces progrès des endroits des ondes sont les rayons mêmes de lumière. Il paraît donc que tous ces rayons tendent ici au point B.

On pourrait aussi trouver le point O et tous les autres, dans cette courbe qui sert à la réfraction, en divisant D A en G (Fig. 57) en sorte que D G soit 2/3 de D A, et décrivant du centre B quelqu'arc O X qui coupe BD en X, et un autre du centre A avec le demi-diamètre A F égal à 3/2 de G X; ou bien ayant décrit, comme auparavant, l'arc O X, il ne fallait que faire D F égal à 3/2 de D X, et du centre A tracer l'arc F O, car ces deux constructions, comme l'on peut facilement connaître, reviennent à la première qu'on a vue ci-devant. Et il est encore mani feste par la dernière, que cette courbe est la même que celle que M. Descartes a donnée dans sa Géométrie, et qu'il nomme la première de ses Ovales.

Il n'y a qu'une partie de cette ovale qui sert à la réfraction, savoir si A K est supposée la tangente, ce sera la partie D K, dont le terme est K. Quant à l'autre partie, Descartes a remarqué qu'elle servirait aux réfractions, s'il y avait quelque matière de miroir de telle nature, que par elle la force des rayons (nous dirons la vitesse de la lumière, ce qu'il n'a pu dire parce qu'il veut que le mouvement s'en fasse dans un instant) fût augmenté dans la proportion de 3 à 2. Mais nous avons montré que, dans notre manière d'expliquer la réflexion, cela ne peut provenir de la matière du miroir, et qu'il est entièrement impossible.

De ce qui a été démontré de cette ovale, il sera aisé de trouver la figure qui sert à assembler vers un point les rayons incidents parallèles. Car en supposant toute la même construction, mais le point A infiniment distant, ce qui donne des rayons parallèles, notre ovale devient une vraie ellipse, dont la construction ne diffère en rien de celle de l'ovale, sinon que F C (Fig. 61) est ici une ligne droite perpendiculaire à D B, qui auparavant était un arc de cercle. Car l'onde de lumière D N, étant de même représentée par une ligne droite, l'on fera voir que tous les points de cette onde, s'étendant jusqu'à la surface K D par des parallèles à D B, s'avanceront ensuite vers le point B et y arriveront en même temps. Pour l'ellipse qui servait à la réflexion, il est manifeste qu'elle devient ici une parabole (Fig. 60), puisqu'on considère son foyer A infiniment

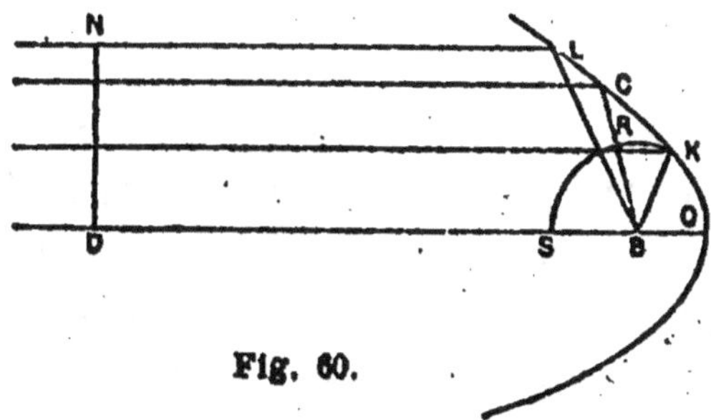

Fig. 60.

distant de l'autre B, qui est ici le foyer de la parabole, auquel tendent toutes les réflexions des rayons parallèles à A B. Et la démonstration de ces effets est toute la même que la précédente.

Mais que cette ligne courbe C D E (Fig. 61), qui sert à la réfraction, est une ellipse, et telle dont le grand diamètre est à la distance de ses foyers comme 3 à 2, qui est la proportion de la réfraction, on le trouve facilement par le calcul d'algèbre. Car D B, qui est donnée, étant nommée a, sa perpendiculaire D T indéterminée x, et T C, y, F B sera $a y$, C B

$\overline{\sqrt{x\,x + a\,a - 2\,a\,y + y\,y}}$. Mais la nature de la courbe est telle, que 2/3 T O avec O B est égal à D B, comme il a été dit dans la dernière construction : donc l'équation sera entre 2/3 $y + \overline{\sqrt{x\,x + a\,a - 2\,a\,y + y}}$

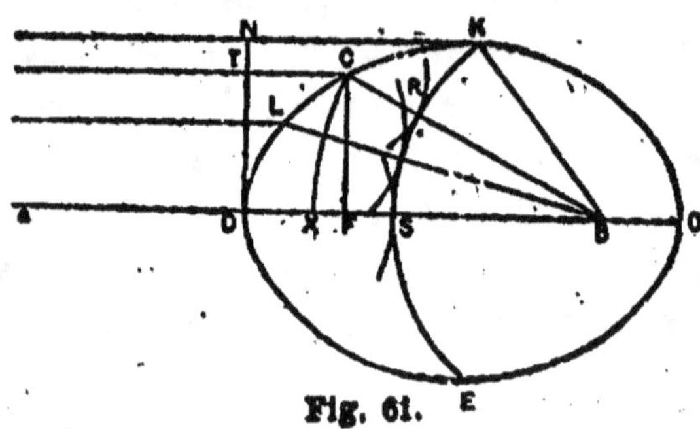

Fig. 61.

et a, qui étant réduite, vient 6/5 $ay - yy$ égal à 9/5 $x\,x$; c'est-à-dire qu'ayant fait D O égal à 6/5 D B, le rectangle D F O est égal à 9/5 du carré de F O. D'où l'on voit que D O est une ellipse, dont l'axe D O est au paramètre comme 9 à 5, et partant le carré de D O au carré de la distance des foyers, comme 9 à 9-5, c'est-à-dire 4; et enfin la ligne D O à cette distance comme 3 à 2.

Derechef, si l'on suppose le point B infiniment loin, au lieu de notre première ovale, nous trouverons que O D E est la véritable hyperbole (Fig. 62), qui fera en sorte que les rayons, qui viennent du point A, deviendront parallèles. Et par conséquent aussi, que ceux qui sont parallèles dans le corps transparent, s'assembleront au dehors au point A. Or il faut remarquer que O X et K S deviennent des lignes droites perpendiculaires à B A, parce qu'elles représentent des arcs de cercles dont le

centre B est infiniment distant, et que l'intersection de la perpendiculaire O X et de l'arc F O
donnera le point O, un de ceux par où la courbe
doit passer, qui fera en sorte que toutes les parties
de l'onde de lumière D N, venant à rencontrer la
surface K D E, s'avanceront de là par des parallèles
à K S, et arriveront à cette droite en même temps;
donc la démonstration est encore la même que celle
qui a servi dans la première ovale. Au reste on
trouve, par un calcul aussi aisé que le précédent,

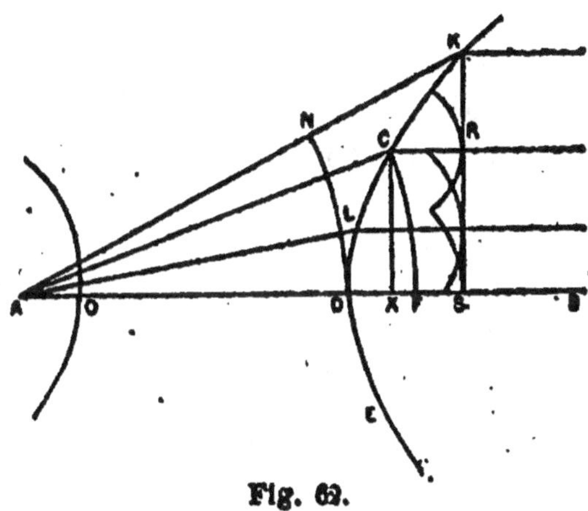

Fig. 62.

que O D E est ici une hyperbole dont l'axe D O est
4/5 de A D, et le paramètre égal à A D. D'où l'on
démontre facilement que D O est à la distance des
foyers comme 3 à 2.

Ce sont ici les deux cas où les sections coniques
servent à la réfraction, et les mêmes qu'explique
Descartes dans sa Dioptrique, qui a trouvé le
premier l'usage de ces lignes en ce qui est de la
réfraction, comme celui des Ovales dont nous avons

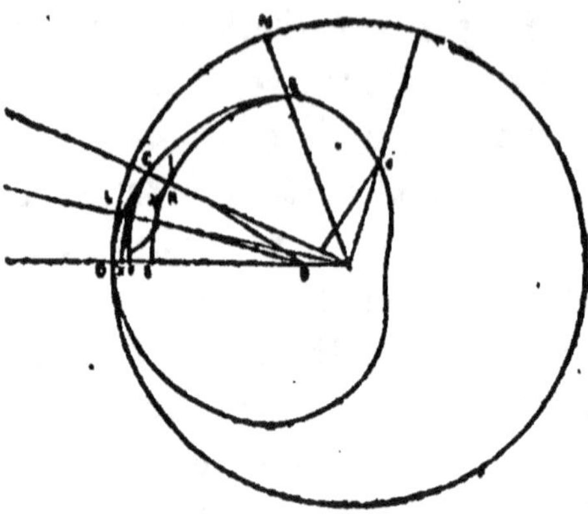

Fig. 63.

déjà mis la première. L'autre est celle qui sert aux
rayons qui tendent à un point donné (Fig. 63 et 64),
dans laquelle ovale si le sommet qui reçoit les rayons

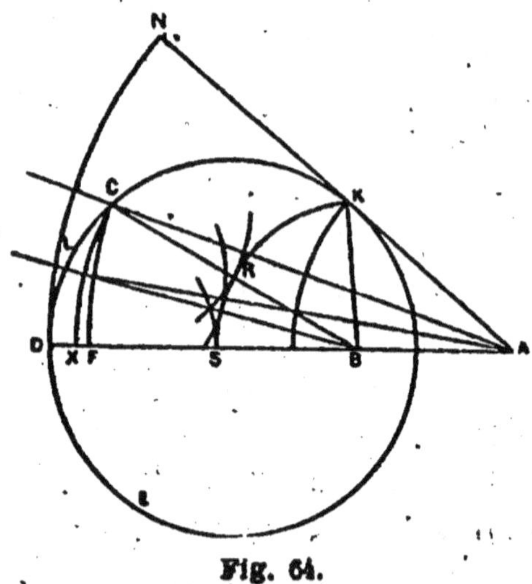

Fig. 64.

est D, il arrivera, selon que la raison de A D à D B est
donnée plus ou moins grande, que l'autre sommet
passera entre B A où au delà de A. Et dans ce dernier

cas, elle est la même avec celle que Descartes nomme la troisième.

Or l'invention et la construction de cette seconde ovale est la même que celle de la première, et la démonstration de son effet aussi. Mais il est digne de remarque qu'en un cas cette ovale devient un cercle parfait, savoir quand la raison de A D à D B est la même qui mesure les réfractions, comme ici de 3 à 2, ce que j'avais observé il y a fort longtemps. La quatrième ne servant qu'aux réflexions impossibles, il n'est pas besoin de la mettre.

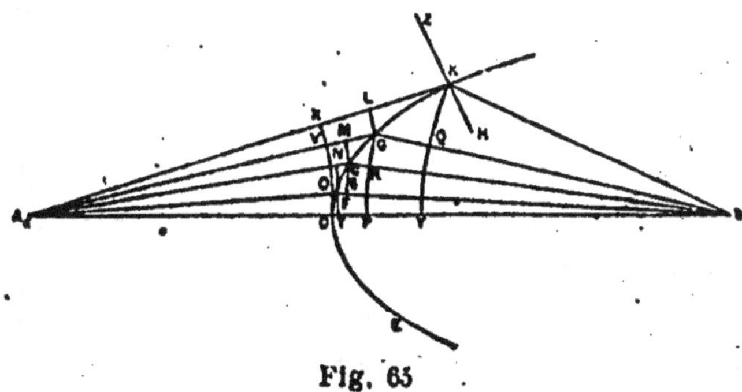

Fig. 65

Pour ce qui est de la manière dont M. Descartes a trouvé ces lignes, puisqu'il ne l'a point expliquée, ni personne depuis que je sache, je dirai ici, en passant, quelle il me semble qu'elle doit avoir été. Soit proposé à trouver la surface faite par la circonvolution de la courbe K D E (Fig. 65), qui, recevant les rayons incidents qui viennent sur elle du point A, les détourne vers le point B. Considérant donc cette courbe comme déjà connue, et que son sommet soit D dans la droite A B, divisons-la comme en une infinité de petites parcelles par les points G,

O, F; et ayant mené, de chacun de ces points, des lignes droites vers A, qui représentent les rayons incidents, et d'autres droites vers B, soient de plus du centre A décrits les arcs de cercle G L, C M, F N, D O, coupant les rayons, qui viennent de A, en L, M, N, O, et des points K, G, C, F, soient décrits les arcs K Q, G R, C S, F T, coupant les rayons, tirés vers B, en Q, R, S, T, et posons que la droite H K Z coupe la courbe en K à angles droits.

Etant donc A K un rayon incident, et sa réfraction au dedans du diaphane K B, il fallait suivant la loi des réfractions, qui était connue à M. Descartes, que le sinus de l'angle Z K A, au sinus de l'angle H K B, fût comme 3 à 2, supposant que c'est la proportion de la réfraction du verre; ou bien, que le sinus de l'angle K G L eût cette même raison au sinus de l'angle G K Q, en considérant K G, G L, K Q, comme des lignes droites, à cause de leur petitesse. Mais ces sinus sont les lignes K L et G Q, en prenant G K pour rayon du cercle. Donc L K à G Q devait être comme 3 à 2, et par la même raison M G à C R, N C à F S, O F à D T. Donc aussi la somme de tous les antécédentes à toutes les conséquentes était comme 3 à 2. Or en prolongeant l'arc D O, jusqu'à ce qu'il rencontre A K en X, K X est la somme des antécédentes. Et prolongeant l'arc K Q, j' qu'à ce qu'il rencontre A D en Y, la somme des conséquentes est D Y. Donc K X à D Y devait être comme 3 à 2. D'où paraissait que la courbe K D E était de telle nature, qu'ayant mené de quelque point qu'on y eut pris, comme K, les droites K A, K B, l'excès dont A K surpasse A D, est à l'excès de D B sur K B, comme 3 à 2. Car on peut démontrer de même, en prenant dans la courbe quelqu'autre point, comme G (Fig. 66), que l'excès de A G sur A D, savoir V G, à l'excès de B D sur D G, savoir D P, est dans cette même raison de 3 à 2. Et suivant cette propriété M. Descartes a construit ces courbes dans sa Géométrie, et il a facilement reconnu que, dans les cas des rayons parallèles, ces courbes devenaient des hyperboles et des ellipses.

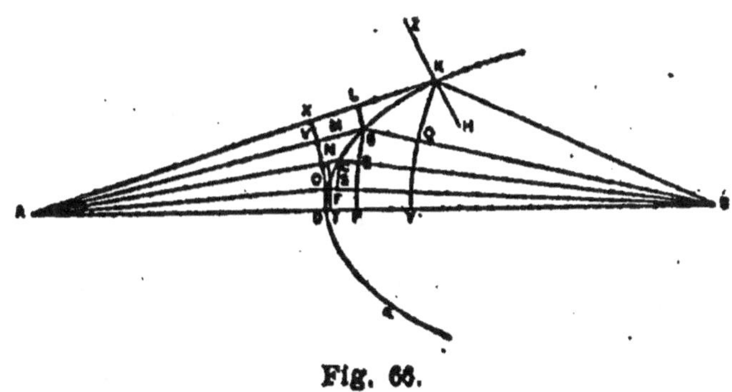

Fig. 66.

Revenons maintenant à notre manière, et voyons comment elle conduit sans peine à trouver les lignes que requiert un côté du verre, lorsque l'autre est d'une figure donnée, non seulement plane ou sphérique, ou faite par quelqu'une des sections coniques (qui est la restriction avec laquelle Descartes a proposé ce problème, laissant la solution à ceux qui viendraient après lui) mais généralement quelconque, c'est-à-dire qui soit faite par la révolution de quelque ligne courbe donnée, à laquelle seulement on sache mener des lignes droites tangentes.

Soit la figure donnée faite par la conversion de quelque telle courbe A K autour de l'axe A V

(Fig. 67), et que ce côté du verre reçoive des rayons venant du point L. Que de plus l'épaisseur A B, du milieu du verre, soit donnée, et le point F auquel

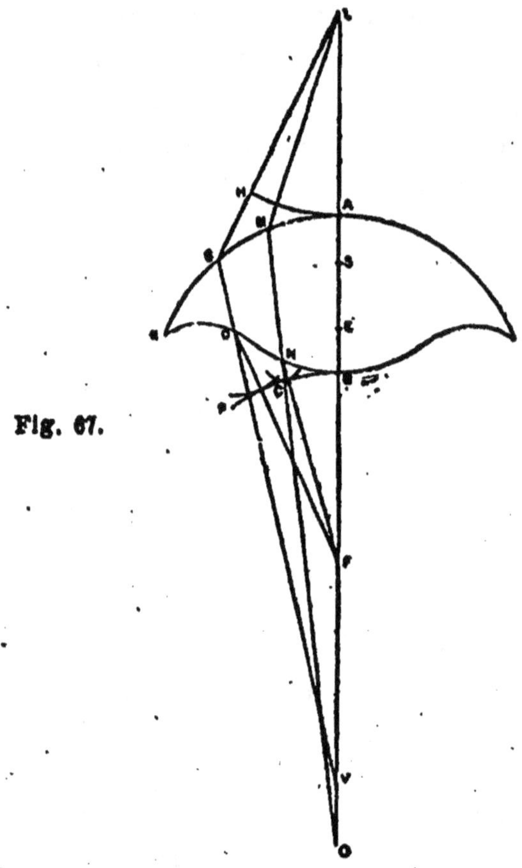

Fig. 67.

on veut que les rayons soient tous parfaitement réunis, quelle qu'ait été la première réfraction, faite à la surface A K.

Je dis que pour cela il faut seulement que la ligne B·D K, qui fait l'autre surface, soit telle, que le chemin de la lumière, depuis le point L jusqu'à la surface A K, et de là à la surface B D K, et de là au point F, se fasse partout en des temps égaux, et chacun égal au temps que la lumière emploie à passer la droite L F, de laquelle la partie A B est dans le verre.

Soit L G un rayon tombant sur l'arc A K. Sa réfraction G V sera donnée par le moyen de la tangente qu'on mènera au point G. Maintenant il faut trouver dans G V le point D, en sorte que F D avec 3/2 de D G et la droite G L, soient égales à F B avec 3/2 de B A et la droite A L, qui comme il paraît, font une longueur donnée. Ou bien, en ôtant de part et d'autre la longueur de L G, qui est aussi donnée, il faut seulement mener F D sur la droite V G, en sorte que F D avec 3/2 D G soit égal à une ligne donnée, qui est un problème plan fort aisé, et le point D sera un de ceux par où la courbe B D K doit passer. Et de même, ayant mené un autre rayon L M, et trouvé sa réfraction M O, on trouvera dans cette ligne le point N, et ainsi tant qu'on en voudra.

Pour démontrer l'effet de la courbe, soit du centre L décrit l'arc de cercle A H, coupant L G en H, et du centre F l'arc B P, et soit dans A B prise A S égale à 2/3 H G, et S E égale à G D. Considérant donc A H comme une onde de lumière, sortie du point L, il est certain que pendant que son endroit H sera arrivé en G, l'endroit A ne sera avancé dans le corps diaphane que par A S; car je suppose, comme dessus, la proportion de la réfraction comme 3 à 2. Or nous savons que l'endroit d'onde qui est tombé sur G, s'avance de là par la ligne G D, puisque G V est la réfraction du rayon L G. Donc dans le temps que cet endroit d'onde est venu de G en D, l'autre qui était en S est arrivé en E, puisque G D, S E, sont égales. Mais pendant que celui-ci avancera de E en B, l'endroit d'onde, qui était en D, aura répandu dans l'air son onde particulière, dont le demi-diamètre D C (supposant que cette onde coupe en C la droite D F) sera 3/2 de E B, puisque la vitesse de la lumière hors du diaphane est à celle de dedans comme 3 à 2. Or il est aisé de montrer que cette onde touchera dans ce point C l'arc B P. Car puisque, par la construction, F D + 3/2 D G + G L, sont égales à F B + 3/2 B A + A L, en ôtant les égales L H, L A, il restera F D + 3/2 D G + G H, égales à F B + 3/2 B A. Et derechef, ôtant d'un côté G H, et de l'autre côté 3/2 A S, qui sont égales, il restera F D avec 3/2 G, égale à F B avec 3/2 de B S. Mais 3/2 de D G sont égales à 3/2 de E S, donc F D est égale à F B avec 3/2 de B E. Mais D C était égale à 3/2 de E B, donc, ôtant de côté et d'autre ces longueurs égales, restera C F égale à F B; et ainsi il parait que l'onde, dont le demi-diamètre est D C, touche l'arc B P au moment que la lumière, venue du point L, est arrivée en B par la droite L B. L'on démontrera de même, que dans ce même moment, la lumière, venue par tout autre rayon, comme L M, M N, aura répandu du mouvement qui est terminé par l'arc B P. D'où [il] s'ensuit, comme il a été dit souvent, que la propagation de l'onde A H, après avoir passé l'épaisseur du verre, sera l'onde sphérique B P, de laquelle tous les endroits doivent s'avancer par des lignes droites, qui sont les rayons de lumière, au centre F.

ce qu'il fallait démontrer. On trouvera de même ces lignes courbes dans tous les cas que l'on peut proposer, comme on verra assez par un ou deux exemples que j'ajouterai.

Soit donnée la surface du verre A K, faite par la révolution de la ligne A K, courbe ou droite, autour de l'axe B A (Fig. 68). Soit aussi donné dans l'axe le point L, et B A l'épaisseur du verre, et qu'il faille

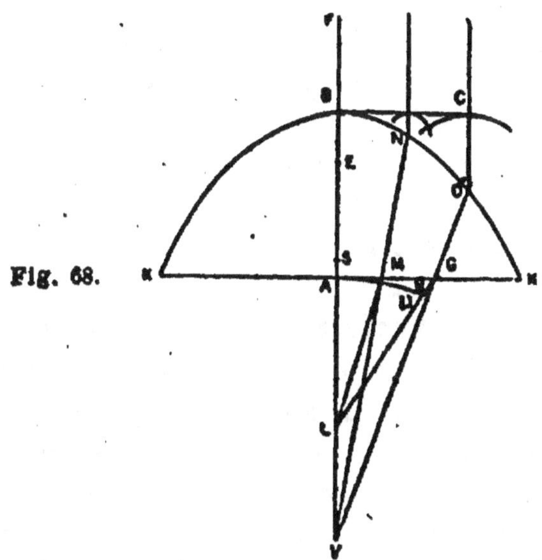

Fig. 68.

trouver l'autre surface K D B, qui recevant des rayons parallèles à B A les dirige en sorte, qu'après être derechef rompus à la surface donnée A K, ils s'assemblent tous au point L.

Soit du point L menée, à quelque point de la ligne donnée A K, la droite L G (Fig. 68), qui étant considérée comme un rayon de lumière, on trouvera sa réfraction G D, qui d'un côté ou d'autre rencontrera, étant prolongée, la droite B L, comme ici en V.

Soit ensuite érigée sur A B la perpendiculaire B C, qui représentera une onde de lumière venant du point F infiniment distant, parce que nous avons supposé des rayons parallèles. Il faut donc que toutes les parties de cette onde B C arrivent en même temps au point L; ou bien que toutes les parties d'une onde, émanée du point L, arrivent en même temps à la droite B C. Et pour cela il faut trouver, dans la ligne V G D, le point D, en sorte qu'ayant mené D C parallèle à A B, la somme de C D et 3/2 de D G et G L soit égale à 3/2 A B avec A L, ou bien, en ôtant d'un côté et d'autre G L qui est donnée, il faut que C D avec 3/2 de D G soit égale à une ligne donnée, qui est un problème encore plus aisé que celui de la construction précédente. Le point D, ainsi trouvé, sera un de ceux par là où la courbe doit passer, et la démonstration sera la même qu'auparavant. Par laquelle on prouvera que les ondes, qui viennent du point L, après avoir passé le verre K A K B, prendront la forme de lignes droites, comme B C, qui est la même chose que de dire que les rayons deviennent parallèles. D'où [il] s'ensuit réciproquement, que, tombant parallèles sur la surface K D B, ils s'assembleront au point L.

Soit encore donnée la surface A K (Fig. 69), telle qu'on voudra, faite par révolution sur l'axe A B, et l'épaisseur du milieu du verre A B. Soit aussi donné dans l'axe le point L derrière le verre, auquel point on suppose que tendent les rayons qui tombent sur la surface A K, et qu'il faille trouver la surface B D, qui, au sortir du verre, les détourne comme s'ils venaient du point F, qui est devant le verre.

Ayant pris quelque point G dans la ligne A K, et menant la droite I G L, sa partie G I représentera un des rayons incidents, duquel se trouvera la réfraction G V, et c'est dans elle qu'il faut trouver le point D, un de ceux par où la courbe D B doit passer. Posons qu'il soit trouvé, et du centre L soit décrit l'arc de cercle G T, coupant la

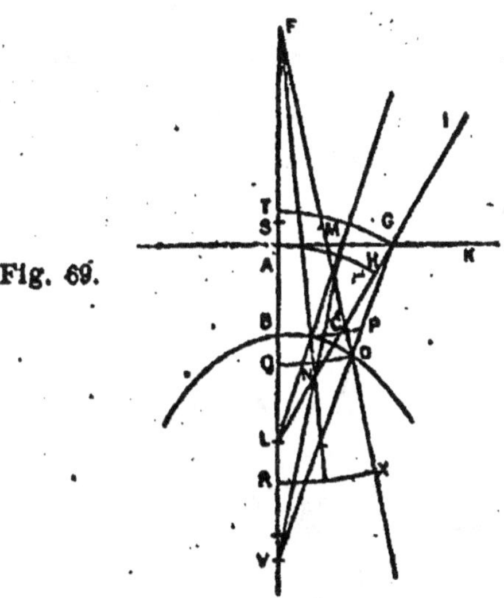

Fig. 69.

droite A B en T, en cas que L G soit plus grande que L A, car autrement il faut décrire du même centre l'arc A H, qui coupe la droite L G en H. Cet arc G T (ou dans l'autre cas A H), représentera une onde de la lumière incidente, dont les rayons tendent vers L. Pareillement du centre F soit décrit l'arc de cercle D Q, qui représentera une onde qui sort du point F.

Il faut donc que l'onde T G, après avoir passé le verre, forme l'onde Q D, et pour cela je vois que le temps de la lumière par G D au dedans du verre, doit être égal à celui par ces trois T A, A B et B Q, dont la seule A B est aussi dans le verre. Ou bien, ayant pris A S égale à 2/3 A T, je vois que 3/2 G D doivent être égales à 3/2 S B + B Q; et, en ôtant l'un et l'autre de F D ou F Q, que F D moins 3/2 G D, doit être égale à F B moins 3/2 S B. Laquelle dernière différence est une longueur donnée, et il ne faut que, du point donné F, mener la droite F D sur V G, en sorte que cela se trouve ainsi. Qui est un problème tout semblable à celui qui sert à la première de ces constructions, où F D + 3/2 G D devait être égale à une longueur donnée.

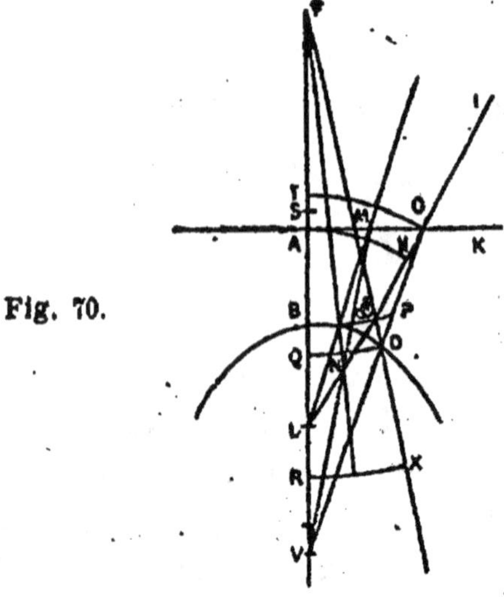

Fig. 70.

Dans la démonstration il y a à observer que, l'arc B O tombant au dedans du verre, il faut concevoir un arc qui lui soit concentrique R X, au delà de Q D (Fig. 70); et après qu'on aura montré que l'endroit G de l'onde G T arrive en même temps en D, que l'endroit T arrive en Q, ce qui se déduit facilement de la construction, il sera évident ensuite, que l'onde particulière, engendrée du point D, touchera l'arc R X, au moment que l'endroit Q sera venu en R, et qu'ainsi cet arc terminera en même instant le mouvement qui vient de l'onde T G, d'où se conclut le reste.

Ayant montré l'invention de ces lignes courbes qui servent au parfait concours des rayons, il reste à expliquer une chose notable touchant la réfraction inordonnée des surfaces sphériques, planes, et autres, laquelle, étant ignorée, pourrait causer quelque doute touchant ce que nous avons dit plusieurs fois, que les rayons de lumière sont des lignes droites, qui coupent les ondes, qui s'en répandent, à angles droits. Car les rayons qui tombent parallèles, par exemple, sur une surface sphérique A F E, s'entrecoupant, après leur réfraction, en des points différents, comme représente cette figure (Fig. 71), quelles pourront être les ondes de lumière dans ce diaphane, qui soient coupées à angles droits par les rayons convergents ? car elles ne sauraient être sphériques; et que deviendront ces ondes après que lesdits rayons commencent à s'entrecouper ? L'on verra, dans la solution de cette difficulté, qu'il se passe en ceci quelque chose de fort remarquable, et que les ondes ne laissent pas de subsister toujours, quoiqu'elles ne passent pas entières, comme à travers les verres composés, dont nous venons de voir la construction.

Selon ce qui a été montré ci-dessus, la droite A D, qui du sommet de la sphère est menée per-

pendiculaire à son axe auquel les rayons viennent
parallèles, représente l'onde de lumière; et dans
le temps que son endroit D sera parvenu à la surface sphérique A G E en E, ses autres parties auront
rencontré la même surface en F, G, H etc., et
auront encore formé des ondes sphériques particulières, dont ces points sont les centres. Et la sur-

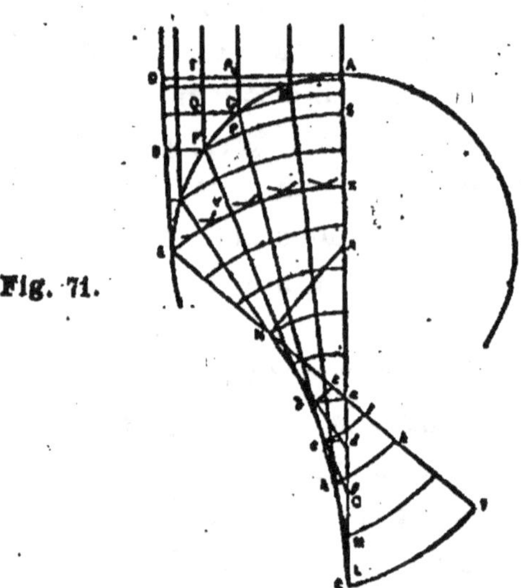

Fig. 71.

face E K, que toutes ces ondes toucheront, sera la
propagation de l'onde A D dans la sphère, au
moment que l'endroit D est venu en E. Or la ligne
E K n'est pas un arc de cercle, mais c'est une ligne
courbe faite par l'évolution d'une autre courbe
E N C, qui touche tous les rayons H L, G M,
F O, etc., qui sont les réfractions des rayons
parallèles, en imaginant qu'il y ait un fil couché
sur la convexité E N C, qui se développant décrive,
avec le bout E, ladite courbe E K. Car supposant

que cette courbe est ainsi décrite, nous démontrerons que les dites ondes formées des centres F, G, H, etc., la toucheront toutes.

Il est certain que la courbe E K (Fig. 72), et toutes les autres, décrites par l'évolution de la courbe E N O, avec des différentes longueurs du fil, couperont tous les rayons H L, G M, F O, etc., à angles

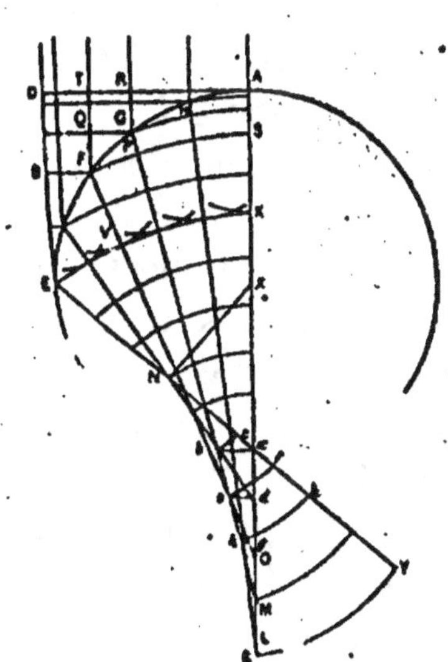

Fig. 72.

droits, et en sorte que leurs parties, interceptées entre deux telles courbes, seront toutes égales, car cela s'ensuit de ce qui a été démontré dans notre Traité *De Motu Pendulorum*. Or imaginant les rayons incidents comme infiniment proches les uns des autres, si l'on en considère deux, comme R G, T F, et qu'on mène G Q perpendiculaire sur R G, et que la courbe F S, qui coupe G M en P, soit décrite par l'évolution de la courbe N O, en commençant par F, jusqu'où je suppose que le fil s'étend, on peut prendre sa particule F P pour une droite perpendiculaire sur le rayon G M, et de même l'arc G F comme une ligne droite. Mais G M étant la réfraction du rayon R G, et F P étant perpendiculaire sur elle, il faut que Q F soit à G P comme 3 à 2, c'est-à-dire dans la proportion de la réfraction, comme il a été montré ci-dessus en expliquant l'invention de Descartes. Et la même chose arrive dans tous les petits arcs G H, H A, etc., savoir que, dans les quadrilatères qui les enferment, le côté parallèle à l'axe est à son opposé comme 3 à 2. Donc aussi comme 3 à 2, ainsi sera la somme des uns à la somme des autres, c'est-à-dire T F à A S, et D E à A K, et B E à S K ou F V, en supposant que V est l'intersection de la courbe E K et du rayon F O. Mais faisant F B perpendiculaire sur D E comme 3 à 2, ainsi est encore B E au demi-diamètre de l'onde sphérique émanée du point F, pendant que la lumière hors du diaphane a passé l'espace B E ; donc il paraît que cette onde coupera le rayon F M au même point V, où il est coupé à angles droits par la courbe E K, et que partant l'onde touchera cette courbe. L'on prouvera de la même manière qu'il en est ainsi de toutes les ondes susdites, nées des points G, H, etc., savoir qu'elles toucheront la courbe E K, dans le moment que l'endroit D de l'onde E D sera parvenu en E.

Pour dire maintenant ce que deviennent ces ondes, après que les rayons commencent à se croiser, c'est que de là elles se replient, et sont composées de deux parties qui tiennent ensemble, l'une étant courbe faite par l'évolution de la courbe E N O en un sens, et l'autre par l'évolution de la même dans l'autre sens. Ainsi l'onde K E, en avançant vers le concours, devient $a\,b\,c$, dont la partie $a\,b$ se fait par l'évolution de $b\,c$, portion de la courbe E N O, pendant que le bout O demeure attaché; et la partie $b\,c$ par l'évolution de la portion b E, pendant que le bout E demeure attaché. Ensuite la même onde devient $d\,e\,f$, puis $g\,h\,k$, et à la fin O Y, d'où elle s'étend ensuite sans aucun repli, mais toujours par des lignes courbes, qui se font par l'évolution de la courbe E N O, augmentée de quelque ligne droite du côté O.

Il y a même, dans cette courbe ici, une partie E N qui est droite, étant N le point où tombe la perpendiculaire du centre de la sphère X, sur la réfraction du rayon D E, que je suppose maintenant qu'il touche la sphère. Et c'est depuis le point N, que commence le repli des ondes de lumière, jusqu'à l'extrémité de la courbe O, qui se trouve en faisant que A O à O X soit dans la proportion de la réfraction, comme ici de 3 à 2.

L'on trouve aussi tant d'autres points qu'on veut de la courbe N O par un théorème qu'a démontré M. Barrow dans la 12e de ses Leçons Optiques, quoiqu'à autre fin. Et il est à remarquer qu'on peut donner une ligne droite égale à cette courbe. Car puisqu'ensemble avec la droite N E, elle est égale à la droite O K, qui est connue, parce que D E à A K est dans la proportion de la réfraction, il paraît qu'en ôtant E N de O K, le reste sera égal à la courbe N O.

L'on trouvera de même des ondes repliées dans la

réflexion d'un miroir concave sphérique. Soit A B C
la section par l'axe d'un hémisphère creux (Fig. 73),
dont le centre est D, l'axe D B, auquel je suppose que
les rayons de lumière viennent parallèles. Toutes
les réflexions de ces rayons, qui tombent sur le quart
de cercle A B, toucheront une ligne courbe A F E,
dont le bout E est au foyer de l'hémisphère, c'est-

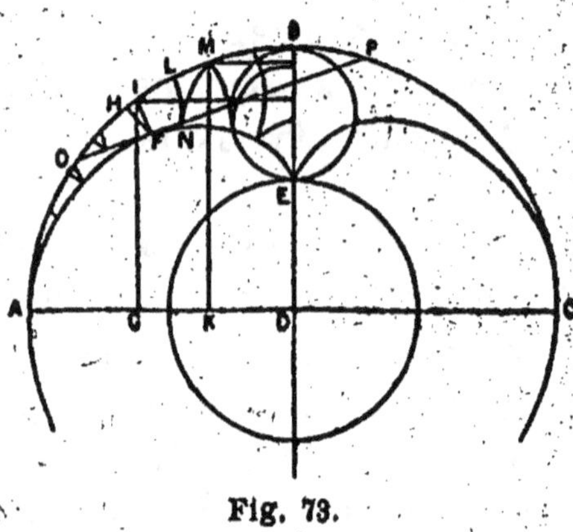

Fig. 73.

à-dire au point qui divise le demi-diamètre B D
en deux parties égales; et les points par où cette
courbe doit passer, se trouvent en prenant depuis A
quelque arc A O, et lui faisant double l'arc O P,
dont il faut diviser la soustendante en F, en sorte
que la partie F P soit triple de F O, car alors F
est un des points requis.

Et comme les rayons parallèles ne sont que les
perpendiculaires des ondes qui tombent sur la surface concave, lesquelles ondes sont parallèles à A D,
l'on trouvera qu'à mesure qu'elles viennent rencontrer la surface A B, elles forment, en se réfléchissant, des ondes repliées, composées de deux

courbes qui naissent de deux évolutions opposées des parties de la courbe A F E. Ainsi, en prenant A D pour une onde incidente, lorsque la partie A G aura rencontré la surface A I, c'est-à-dire que l'endroit G sera parvenu en I, ce seront les courbes H F, F I, nées des évolutions des courbes F A, F E, commencées toutes deux par F, qui feront ensemble la propagation de la partie A G. Et un peu après, quand la partie A K aura rencontré la surface A M, étant l'endroit K en M, alors les courbes L N, N M, feront ensemble la propagation

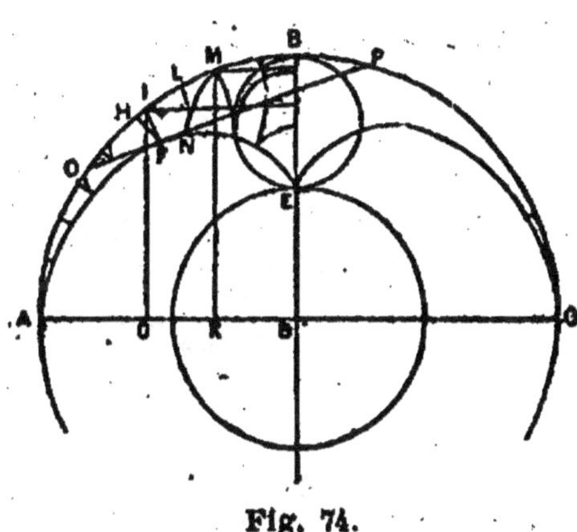

Fig. 74.

de cette partie. Et ainsi cette onde repliée avancera toujours, jusqu'à ce que la pointe N soit parvenue au foyer E. La courbe A F E (Fig. 74) se voit dans la fumée, ou dans la poussière qui vole, lorsqu'un miroir concave est opposé au soleil; et il faut savoir qu'elle n'est autre chose, que celle qui se décrit par le point E de la circonférence du cercle E B, lorsqu'on fait rouler ce cercle sur un autre dont le demi-diamètre est E D, et le centre D. De sorte que c'est une manière de cycloïde, mais de laquelle les points se peuvent trouver géométriquement.

Sa longueur est égale précisément aux 3/4 du diamètre de la sphère, ce qui se trouve et se démontre par le moyen de ces ondes, à peu près de même que la mesure de la courbe précédente, quoiqu'il se pourrait encore démontrer par d'autres manières, que je laisse, parce que cela est hors du sujet. L'espace A O B E F A, compris de l'arc du quart de cercle, de la droite B E, et de la courbe E F A, est égal à la quatrième partie du quart de cercle D A B.

Table des Matières